육군
부사관

필기평가

육군부사관
필기평가

개정판 1쇄 발행　　　　2023년 2월 3일
개정2판 1쇄 발행　　　　2024년 1월 12일

편 저 자 ｜ 부사관시험연구소
발 행 처 ｜ ㈜서원각
등록번호 ｜ 1999-1A-107호
주　　소 ｜ 경기도 고양시 일산서구 덕산로 88-45(가좌동)
교재주문 ｜ 031-923-2051
팩　　스 ｜ 031-923-3815
교재문의 ｜ 카카오톡 플러스 친구[서원각]
홈페이지 ｜ goseowon.com

군의 중추 역할을 하는 부사관은 스스로 명예심을 추구하여 빛남으로 자긍심을 갖게 되고, 사회적인 인간으로서 지켜야 할 도리를 지각하면서 행동할 수 있어야 하며, 개인보다는 상대를 배려할 줄 아는 공동체 의식을 견지하며 매사 올바른 사고와 판단으로 건설적인 제안을 함으로써 내가 속한 부대와 군에 기여하는 전문성을 겸비한 인재들이다. 또한 육군부사관은 안정된 직장, 군 경력과 목돈 마련, 자기발전의 기회 제공, 전문분야에서의 근무가능, 그 밖의 다양한 혜택 등으로 해마다 그 경쟁은 치열해지고 있으며 수험생들에게는 선발전형에 대한 철저한 분석과 꾸준한 자기관리가 요구되고 있다.

이에 본서는 현재 시행되고 있는 시험유형과 출제기준을 분석하여 다음과 같은 구성으로 출간하였다. 먼저 PART 01에는 예시문을 시험유형을 파악할 수 있도록 하였으며, PART 02 핵심이론정리를 통해 반드시 알아야 할 이론을 학습하도록 하였다. PART 03 출제예상문제에서는 공간능력, 지각속도, 언어논리, 자료해석을 수록하여 각 영역별로 어떤 문제들이 출제되는지 살펴볼 수 있도록 하였다. PART 04에는 상황판단검사 및 직무성격검사도 함께 수록하여 필기평가의 전 영역을 훑어본 뒤에 시험에 응할 수 있도록 하였으며, PART 05에서는 인성검사의 개요와 실전 인성검사를 수록하여 필기평가 준비를 위한 최종 마무리가 될 수 있도록 하였다.

"진정한 노력은 결코 배반하지 않는다."
본서가 수험생 여러분의 목표를 이루는 데 든든한 동반자가 되기를 바란다.

Structure

01 핵심이론정리

주요 과목에 대한 핵심이론을 체계적으로 정리하여 학습에
용이하도록 과목별로 분류하여 수록하였습니다.

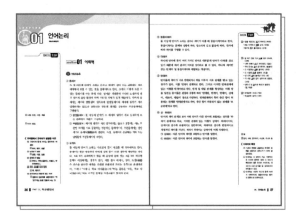

02 지적능력평가

필기평가에서 출제 가능성이 높은 문제와 함께 다양한 문제
유형을 수록하였습니다.

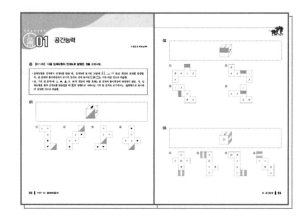

03 상황판단검사 및 직무성격검사

필기평가에 포함되는 상황판단검사 및 직무성격검사를 수록
하였습니다.

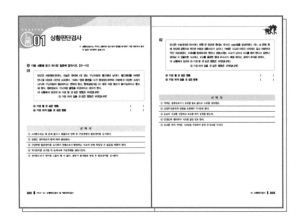

04 인성검사

인성검사의 개요와 실전 일성검사를 수록하여 최종 마무리에
도움이 되도록 하였습니다.

Contents

▌지원 접수 및 등록

① 인터넷 포털 사이트에서 육군모집 검색, 모집 홈페이지에서 등록 → 지원접수 및 합격조회에서 '지원접수 및 등록' 클릭 → 부사관 지원서 작성에서 '작성하기' 클릭

※ http://www.goarmy.mil.kr → 육군모집 → 지원서 접수 및 합격조회 → 지원접수 및 등록 → 부사관지원서 작성

〈지원서 등록 시 강조사항〉

• 육군 부사관 타 과정 필기평가 결과(인성검사 포함) 적용을 희망하는 지원자는 인터넷 지원서 등록시 희망하는 필기평가 과정명을 선택하여야 함
• 지원서 등록 완료 후 출력, 닫기까지 하여야 지원이 완료됨
• 한국사 자격증 취득자는 부사관지원서 "한국사"란에 정확히 입력하거나 인증서 제출시 1차 필기평가 반영
• 국가유공자 등 예우에 관한 법률에 의거 취업지원대상자증명서 발급 대상자만 "보훈대상자"란에 해당내용을 기재
• 지원서 등록 시 입력하는 연락처(전화번호, e-mail주소)로 각종 평가 및 2차 AI면접 안내가 발송되므로, 정확하게 입력하여야 함.
  ※ 오기입력 등으로 평가관련 안내를 수신하지 못하여 발생하는 불이익은 개인 책임임.
• 지원서 등록시 작성하는 자기소개서는 2차 면접평가 활용 자료로 등록기한 내 작성완료해야 함
  ※ 등록 시 작성하지 않아 발생하는 불이익은 개인 책임, 추가제출 불가.
• 2차 평가시 진행하는 신체검사 기관(군병원 또는 민간병원 택1)은 신중하게 선택하여야 함(이후 변경제한)

② 지원서류 제출

• 육군 부사관 지원서(사진부착) 1부, 개인정보제공동의서(선발부대 확인용) / 개인정보 수집 · 이용 · 제공 동의서(복수국적 확인용) 1부 (인터넷 육군모집 홈페이지에서 출력)
• 고등학교 졸업(예정)증명서 1부, 최종학력(대학재학 · 휴학 · 제적 · 졸업 · 졸업예정) 증명서 1부
• 국민체력인증센터 인증서 또는 참가증 1부, 도표로 출력된 평가지 1부
• 대학 성적증명서 1부 : 잠재역량(군사학 이수 2점)반영(군사학 미이수자 해당없음)
• 자격 / 면허증, 잠재역량 관련 증빙서류 1부
• 병적증명서 사본 1부(예비역) : 주민자치센터(또는 인터넷 정부24) 발급(미해당자 제출 필요없음)
• 취업지원대상자 증명서 1부, 등본 또는 가족관계증명서 1부(미해당자 제출 필요없음)
• 타군 복무중인 병사 : 참모총장 추천서(해병대 : 사령관)를 발급하여 지원서와 같이 제출
  ※ 제출서류 중 위조, 변조 사실 발견 시 합격 /임관 취소됨.
  ※ 위 서류 중 해당자만 제출하는 서류 및 제출 서류에 관한 자세한 정보는 공고문을 참고
  ※ 수험표는 출력 후 사진부착(반명함판사진 3×4cm) 후 필기평가시 휴대

▌지원 자격

① 학력 및 연령

민간부사관(남군/여군)	고등학교 이상 졸업자	임관일 기준 만18~29세 이하(남 · 여)
임관 시 장기복무 부사관		※ 중학교 졸업자는 「국가기술자격법」에 따른 자격증 소지자는 지원 가능
군 가산복무 지원금 지급대상자(부사관)	전문대학/대학교 재학 중인 사람	임관일 기준 만 18세~27세 이하(남 · 여) -2년제 대학 2학년, 3년제 대학 3학년, 4년제 대학 4학년, 2년제 대학원 2학년
군 가산복무 지원금 지급대상자(전투)		임관일 기준 만 18~27세 이하(남 · 여) ※ 4개 대학 "전투부사관과"와 2년제 1학년, 3년제 2학년, 4년제 3학년

② 임관결격사유 : 군인사법 제10조(결격사유 등)에 해당하는 사람

    ㉠ 부사관은 사상이 건전하고 품행이 단정하며 체력이 강건한 사람 중에서 임용한다.

    ㉡ 다음 각 호의 어느 하나에 해당하는 사람은 장교, 준사관 및 부사관으로 임용될 수 없다.

- 대한민국의 국적을 가지지 아니한 사람
- 대한민국 국적과 외국 국적을 함께 가지고 있는 사람
- 피성년후견인 또는 피한정후견인
- 파산선고를 받은 사람으로서 복권되지 아니한 사람
- 금고 이상의 형을 선고받고 그 집행이 종료되거나 집행을 받지 아니하기로 확정된 후 5년이 지나지 아니한 사람
- 금고 이상의 형의 집행유예를 선고받고 그 유예기간 중에 있거나 그 유예기간이 종료된 날부터 2년이 지나지 아니한 사람
- 자격정지 이상의 형의 선고유예를 받고 그 유예기간 중에 있는 사람
- 공무원 재직기간 중 직무와 관련하여 「형법」 제355조 또는 제356조에 규정된 죄를 범한 사람으로서 300만원 이상의 벌금형을 선고받고 그 형이 확정된 후 2년이 지나지 아니한 사람
- 「성폭력범죄의 처벌 등에 관한 특례법」 제2조에 따른 성폭력범죄로 100만 원 이상의 벌금형을 선고받고 그 형이 확정된 후 3년이 지나지 아니한 사람
- 미성년자에 대한 다음 각 목의 어느 하나에 해당하는 죄를 저질러 파면·해임되거나 형 또는 치료감호를 선고받아 그 형 또는 치료감호가 확정된 사람(집행유예를 선고받은 후 그 집행유예기간이 경과한 사람을 포함한다)
- 「성폭력범죄의 처벌 등에 관한 특례법」 제2조에 따른 성폭력범죄
- 「아동·청소년의 성보호에 관한 법률」 제2조 제2호에 따른 아동·청소년대상 성범죄
- 탄핵이나 징계에 의하여 파면되거나 해임처분을 받은 날부터 5년이 지나지 아니한 사람
- 법원의 판결 또는 다른 법률에 따라 자격이 정지되거나 상실된 사람

    ※ 군 간부로서 올바른 품성과 가치관, 국가관을 구비하지 않은 자는 선발과정에서 불이익을 받을 수 있음

③ 지원 자격제한

    ㉠ 장교 : 각 군 사관학교 및 사관후보생 과정에서 퇴교당한 사람

    ㉡ 단, 질병 및 성적 저조, 개인 가사문제 사유로 귀향(퇴교)자는 지원 가능

Information

평가요소

① 평가요소 및 배점

　㉠ 1차 평가 : 특기별 필기평가 (한국사능력검정 합산점수) 고득점자 순

구분	세부 병과특기	배점
전투 특기	전투 특기(일반보병, 전차승무, 장갑차승무, 야전포병, 로켓포병, 포병표적, 방공무기운용, 인간정보, 신호정보, 영상정보, 전투공병, 시설공병, 전술통신운용, 특수통신운용)	30점 만점
전문성 특기	전차정비, 공병장비운용 / 정비, 화생방작전, 물자보급, 전술통신정비	

　　※ 필기평가 불합격 기준 : 종합점수 40% 미만 득점자

　㉡ 2차 평가 : 지원 특기별 평가항목의 합산점수 고득점자 순

구분	계	직무수행능력	체력평가	AI면접	대면면접	신체검사	인성검사	신원조회
전투 특기	100	30	20	10	40	합·불	합·불	최종심의반영
전문성 특기	100	40	10	10	40	합·불	합·불	

　　※ 2차평가는 면접평가, 신체검사를 진행하고 직무수행능력 및 체력평가는 제출된 서류로 평가, 인성검사는 필기평가 시 검사한 결과를 대면면접 평가 시 확인

　　※ 협약대학 부사관 관련학과 졸업(예정) 자 중 학·군 협약대학 부사관 특기 분류기준에 의거 해당 군사특기 지원자는 대면면접 점수 가점(1점) 적용

　㉢ 최종 선발 : 2차평가 결과를 종합하여 심의위원회에서 심의

　　※ 국가유공자 등 예우에 관한 법률에 의거 취업지원대상자는 1, 2차 평가간 평가과목별 배점외 6% 또는 10%의 가산점 적용(40% 미만 득점시 미적용)

② 1차 필기평가

　㉠ 평가대상 : 기한 내 인터넷으로 지원서를 등록한 지원자

　㉡ 평가영역 : 필기평가, 인성검사

　㉢ 평가시간 및 과목

구분	계	1교시				2교시		3교시
		지적능력평가				상황판단 검사	직무성격 검사	인성검사
		공간능력	언어논리	자료해석	지각속도			
문항	626	18	25	20	30	15	180	338
제한시간	195분	85분				60분		50분

Information 💬

ⓒ 평가 세부내용

구분		평가내용
지적능력평가	공간능력	주어진 지도를 보고 목표지점의 위치와 방향을 정확하게 찾아낼 수 있는 능력을 측정
	지각속도	눈으로 직접 읽고 문제를 해결하는 지각 속도를 측정하기 위한 검사
	언어능력	• 언어로 제시된 자료를 논리적으로 추론하고, 분석하는 능력을 측정하기 위한 검사로 어휘력 검사, 언어추리 및 독해 검사로 구성 • 어휘력 검사는 문맥에 가장 적합한 어휘를 찾아내는 문제로 구성, 언어추리 검사와 독해력 검사는 글의 전반적인 흐름을 파악하고 논리적 구조를 올바르게 분석한 것을 고르거나 배열하는 문제로 구성
	자료해석	주어진 통계표, 도표, 그래프 등을 이용하여 문제를 해결하는데 필요한 정보를 파악하고 분석하는 능력
직무성격검사		개인의 의견이나 행동을 나타내는 문항으로 구성
상황판단검사		제시된 상황 시나리오에 대해 대처하는 문항으로 구성

면접평가

구분	AI면접	대면면접	
		1면접장(발표 / 토론)	2면접장(개별 면접)
평가내용	대인관계 기술 및 행동역량 평가	군인으로서의 가치관, 품성과 자질 평가	인성검사(심층)
방법	개인별 PC 또는 모바일 활용 인터넷 화상면접 ※ 개인별 40분 소요	개인별 주제 발표 / 질의 응답, 조별 토론 / 관찰평가	지원자 1명 대상 질의 / 응답
배점(50점)	10점	40점	합 · 불

지적능력평가
예시문항

공간능력, 지각속도, 언어논리, 자료해석

육군 간부선발 시 적용하고 있는 지적능력평가의 예시문항이며, 문항수와 제한시간은 다음과 같습니다.

구분	공간능력	지각속도	언어논리	자료해석
문항 수	18문항	30문항	25문항	20문항
시간	85분			

※ 본 자료는 참고 목적으로 제공되는 예시 문항으로서 각 하위검사별 난이도, 세부 유형 및 문항 수는 차후 변경될 수 있습니다.

공간능력

공간능력검사는 입체도형의 전개도를 고르는 문제, 전개도를 입체도형으로 만드는 문제, 제시된 그림처럼 블록을 쌓을 경우 그 블록의 개수를 구하는 문제, 제시된 블록들을 화살표 표시한 방향에서 바라봤을 때의 모양을 고르는 문제 등 4가지 유형으로 구분할 수 있다. 물론 유형의 변경은 사정에 의해 발생할 수 있음을 숙지하여 여러 가지 공간능력에 관한 문제를 접해보는 것이 좋다.

[유형 ① 문제 푸는 요령]

유형 ①은 주어진 입체도형을 전개하여 전개도로 만들 때 그 전개도에 해당하는 것을 찾는 형태로 주어진 조건에 의해 기호 및 문자는 회전에 반영하지 않으며, 그림만 회전의 효과를 반영한다는 것을 숙지하여 정확한 전개도를 고르는 문제이다. 그러 므로 그림의 모양은 입체도형의 상, 하, 좌, 우에 따라 변할 수 있음을 알아야 하며, 기호 및 문자는 항상 우리가 보는 모양 으로 회전되지 않는다는 것을 알아야 한다.

세시된 입체도형은 징육면체이므로 정육면체를 만들 수 있는 전개도의 모양과 보는 위치에 따라 돌아갈 수 있는 그림을 빠른 시간에 파악해야 한다. 문제보다 보기를 먼저 살펴보는 것이 유리하다.

문제 1 다음 입체도형의 전개도로 알맞은 것은?

- 입체도형을 전개하여 전개도를 만들 때, 전개도에 표시된 그림(예 : ▮, ◪ 등)은 회전의 효과를 반영함. 즉, 본 문제의 풀이과정에서 보기의 전개도 상에 표시된 "▮"와 "▬"은 서로 다른 것으로 취급함.
- 단, 기호 및 문자(예 : ☎, ♤, ♨, K, H)의 회전에 의한 효과는 본 문제의 풀이과정에 반영하지 않음. 즉, 입체도형을 펼쳐 전개도를 만들었을 때에 "🔃"의 방향으로 나타나는 기호 및 문자도 보기에서는 "🔃"방향으로 표시하며 동일한 것으로 취급함.

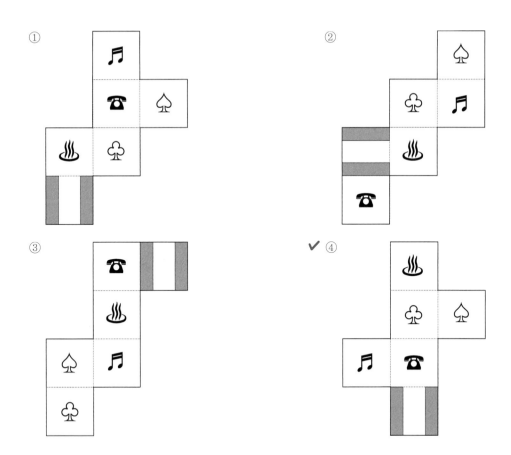

해설 █ 모양의 윗면과 오른쪽 면에 위치하는 기호를 찾으면 쉽게 문제를 풀 수 있다.
기호나 문자는 회전을 적용하지 않으므로 4번이 답이 된다.

[유형 ② 문제 푸는 요령]

유형 ②는 평면도형인 전개도를 접어 나오는 입체도형을 고르는 문제이다. 유형 ①과 마찬가지로 기호나 문자는 회전을 적용하지 않는다고 조건을 제시하였으므로 그림의 모양만 신경을 쓰면 된다.

보기에 제시된 입체도형의 윗면과 옆면을 잘 살펴보면 답의 실마리를 찾을 수 있다. 그림의 위치에 따라 윗면과 옆면에 나타나는 문자가 달라지므로 유의하여야 한다. 그림을 중심으로 어느 면에 어떤 문자가 오는지를 파악하는 것이 중요하다.

문제 ② 다음 전개도로 만든 입체도형에 해당하는 것은?

- 전개도를 접을 때 전개도 상의 그림, 기호, 문자가 입체도형의 겉면에 표시되는 방향으로 접음
- 전개도를 접어 입체도형을 만들 때, 전개도에 표시된 그림(예 : ▮, ◢ 등)은 회전의 효과를 반영함. 즉, 본 문제의 풀이과정에서 보기의 전개도 상에 표시된 "▮"와 "━"은 서로 다른 것으로 취급함.
- 단, 기호 및 문자(예 : ☎, ♨, ♨, K, H)의 회전에 의한 효과는 본 문제의 풀이과정에 반영하지 않음. 즉, 전개도를 접어 입체도형을 만들었을 때에 "☎"의 방향으로 나타나는 기호 및 문자도 보기에서는 "☎" 방향으로 표시하며 동일한 것으로 취급함.

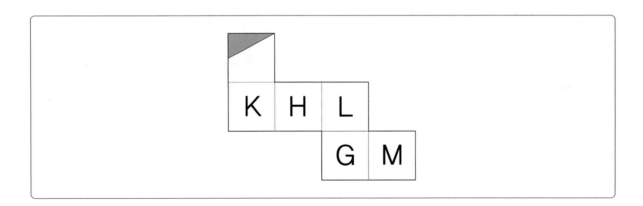

①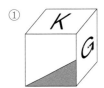

✔ ②

③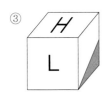

④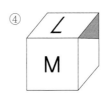

✔ 해설 그림의 색칠된 삼각형 모양의 위치를 먼저 살펴보면
① G의 위치에 M이 와야 한다.
③ L의 위치에 H, H의 위치에 K가 와야 한다.
④ 그림의 모양이 좌우 반전이 되어야 한다.

[유형 ③ 문제 푸는 요령]

유형 ③은 쌓아 놓은 블록을 보고 여기에 사용된 블록의 개수를 구하는 문제이다. 블록은 모두 크기가 동일한 정육면체라고 조건을 제시하였으므로 블록의 모양은 신경을 쓸 필요가 없다.

블록의 위치가 뒤쪽에 위치한 것인지 앞쪽에 위치한 것 인지에서부터 시작하여 몇 단으로 쌓아 올려져 있는지를 빠르게 파악해야 한다. 가장 아랫면에 존재하는 개수를 파악하고 한 단씩 위로 올라가면서 개수를 파악해도 되며, 앞에서부터 보이는 블록의 수부터 개수를 세어도 무방하다. 그러나 겹치거나 뒤에 살짝 보이는 부분까지 신경 써야 함은 잊지 말아야 한다. 단 1개의 블록으로 문제의 승패가 좌우된다.

문제 3 아래에 제시된 그림과 같이 쌓기 위해 필요한 블록의 수는?
(단, 블록은 모양과 크기는 모두 동일한 정육면체이다)

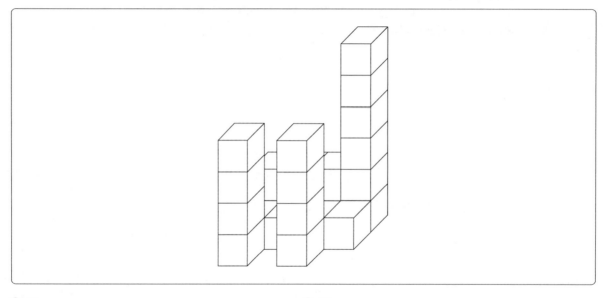

① 18　　　　　　　　　　　　　　　② 20

③ 22　　　　　　　　　　　✔ ④ 24

✔**해설** 그림을 쉽게 생각하면 블록이 4개씩 붙어 있다고 보면 쉽다. 앞에 2개, 뒤에 눕혀서 3개, 맨 오른쪽 눕혀진 블록들 위에 1개
4개씩 쌓아진 블록이 6개 존재하므로 24개가 된다.
시간이 많다면 하나하나 세어도 좋다.

유형 ④는 제시된 그림에 있는 블록들을 오른쪽, 왼쪽, 위쪽 등으로 돌렸을 때의 모양을 찾는 문제이다.

모두 동일한 정육면체이며, 원근에 의해 블록이 작아 보이는 효과는 고려하지 않는다는 조건이 제시되어 있으므로 블록이 위치한 지점을 정확하게 파악하는 것이 중요하다.

실수로 중간에 있는 블록의 모양을 놓치는 경우가 있으므로 쉽게 모눈종이 위에 놓여 있다고 생각하며 문제를 풀면 쉽게 해결할 수 있다.

문제 4 아래에 제시된 블록들을 화살표 표시한 방향에서 바라봤을 때의 모양으로 알맞은 것은?

- 블록은 모양과 크기는 모두 동일한 정육면체임
- 바라보는 시선의 방향은 블록의 면과 수직을 이루며 원근에 의해 블록이 작게 보이는 효과는 고려하지 않음

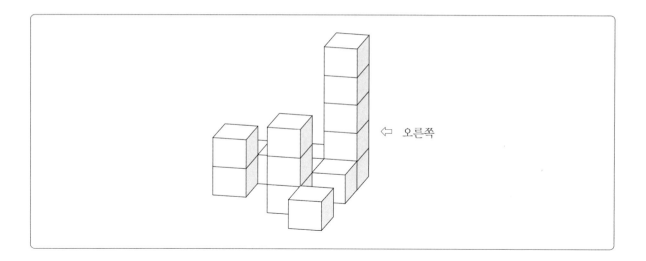

⇦ 오른쪽

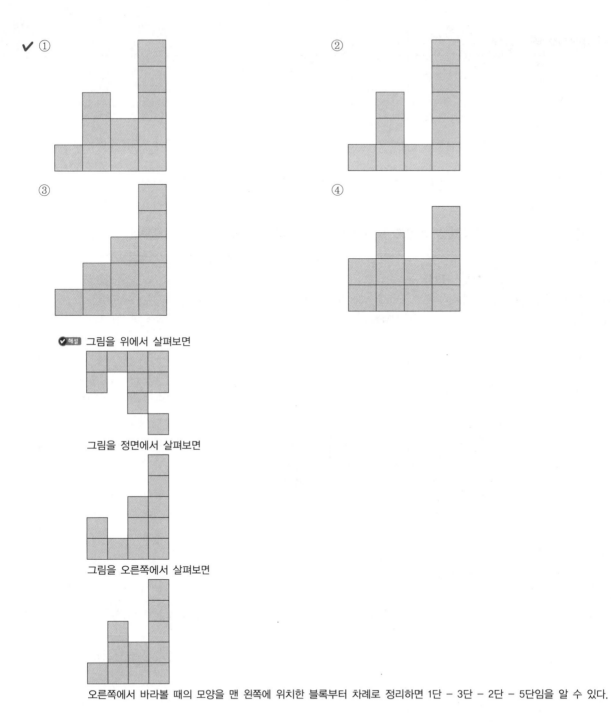

✔ ①

②

③

④

해설 그림을 위에서 살펴보면

그림을 정면에서 살펴보면

그림을 오른쪽에서 살펴보면

오른쪽에서 바라볼 때의 모양을 맨 왼쪽에 위치한 블록부터 차례로 정리하면 1단 – 3단 – 2단 – 5단임을 알 수 있다.

지각속도  02

지각속도검사는 암호해석능력을 묻는 유형으로 눈으로 직접 읽고 문제를 해결하는 능력을 측정하기 위한 검사로 빠른 속도와 정확성을 요구하는 문제가 출제된다. 시간을 정해 최대한 빠른 시간 안에 문제를 정확하게 풀 수 있는 연습이 필요하며 간혹 시간이 촉박하여 찍는 경우가 있는데 오답 시에는 감점처리가 적용된다.

지각속도검사는 지각 속도를 측정하기 위한 검사로 틀릴 경우 감점으로 채점하고, 풀지 않은 문제는 0점으로 채점이 된다. 총 30문제로 구성이 되며 제한시간은 3분이므로 많은 연습을 통해 빠르게 푸는 요령을 습득하여야 한다.

본 검사는 지각 속도를 측정하기 위한 검사입니다.
제시된 문제를 잘 읽고 아래의 예제와 같은 방식으로 가능한 한 빠르고 정확하게 답해 주시기 바랍니다.

[유형 ①] 대응하기

아래의 문제 유형은 일련의 문자, 숫자, 기호의 짝을 제시한 후 특정한 문자에 해당되는 코드를 빠르게 선택하는 문제입니다.

문제 1 아래 〈보기〉의 왼쪽과 오른쪽 기호의 대응을 참고하여 각 문제의 대응이 같으면 답안지에 '① 맞음'을, 틀리면 '② 틀림'을 선택하시오.

〈보기〉

a = 강	b = 응	c = 산	d = 전
e = 남	f = 도	g = 길	h = 아

강 응 산 전 남 – a b c d e

✔ ① 맞음   ② 틀림

> **해설** 〈보기〉의 내용을 보면 강 = a, 응 = b, 산 = c, 전 = d, 남 = e이므로 a b c d e이므로 맞다.

[유형 ②] 숫자세기

아래의 문제 유형은 제시된 문자군, 문장, 숫자 중 특정한 문자 혹은 숫자의 개수를 빠르게 세어 표시하는 문제입니다.

문제 2 다음의 〈보기〉에서 각 문제의 왼쪽에 표시된 굵은 글씨체의 기호, 문자, 숫자의 갯수를 모두 세어 오른쪽 개수에서 찾으시오.

〈보기〉

3 78302064206820487203873079620504067321

① 2개   ✔ ② 4개
③ 6개   ④ 8개

　　✔해설 나열된 수에 3이 몇 번 들어 있는가를 빠르게 확인하여야 한다.
　　　78**3**020642068204872038**73**079620504067**3**21 → 4개

〈보기〉

ㄴ 나의 살던 고향은 꽃피는 산골

① 2개   ② 4개
✔ ③ 6개   ④ 8개

　　✔해설 나열된 문장에 ㄴ이 몇 번 들어갔는지 확인하여야 한다.
　　　나의 살**던** 고향**은** 꽃피**는** **산**골 → 6개

언어논리 03

언어논리검사는 언어로 제시된 자료를 논리적으로 추론하고 분석하는 능력을 측정하기 위한 검사로 어휘력검사와 독해력검사로 크게 구성되어 있다. 어휘력검사는 문맥에 가장 적합한 어휘를 찾아내는 문제로 구성되어 있으며, 독해력검사는 글의 전반적인 흐름을 파악하는 논리적 구조를 올바르게 분석하거나 글의 통일성을 파악하는 문제로 구성되어 있다.

01 어휘력

어휘력에서는 의사소통을 함에 있어 이해능력이나 전달능력을 묻는 기본적인 문제가 나온다. 술어의 다양한 의미, 단어의 의미, 알맞은 단어 넣기 등의 다양한 유형의 문제가 출제된다. 평소 잘못 알고 사용되고 있는 언어를 사전을 활용하여 확인하면서 공부하도록 한다.

어휘력은 풍부한 어휘를 갖고, 이를 활용하면서 그 단어의 의미를 정확히 이해하고, 이미 알고 있는 단어와 문장 내에서의 쓰임을 바탕으로 단어의 의미를 추론하고 의사소통 시 정확한 표현력을 구사할 수 있는 능력을 측정한다. 일반적인 문항 유형에는 동의어/반의어 찾기, 어휘 찾기, 어휘 의미 찾기, 문장완성 등을 들 수 있는데 많은 검사들이 동의어(유의어), 반의어, 또는 어휘 의미 찾기를 활용하고 있다.

문제 1 다음 문장의 문맥상 ( ) 안에 들어갈 단어로 가장 적절한 것은?

> 계속되는 이순신 장군의 공세에 (   )같던 왜 수군의 수비에도 구멍이 뚫리기 시작했다.

① 등용문　　　　　　② 청사진
✔ ③ 철옹성　　　　　　④ 풍운아
⑤ 불야성

해설 ① 용문(龍門)에 오른다는 뜻으로, 어려운 관문을 통과하여 크게 출세하게 됨 또는 그 관문을 이르는 말
② 미래에 대한 희망적인 계획이나 구상
③ 쇠로 만든 독처럼 튼튼하게 둘러쌓은 산성이라는 뜻으로, 방비나 단결 따위가 견고한 사물이나 상태를 이르는 말
④ 좋은 때를 타고 활동하여 세상에 두각을 나타내는 사람
⑤ 등불 따위가 휘황하게 켜 있어 밤에도 대낮같이 밝은 곳을 이르는 말

02 독해력

글을 읽고 사실을 확인하고, 글의 배열순서 및 시간의 흐름과 그 중심 개념을 파악하며, 글 흐름의 방향을 알 수 있으며 대강의 줄거리를 요약할 수 있는 능력을 평가한다. 장문이나 단문을 이해하고 문장배열, 지문의 주제, 오류 찾기 등의 다양한 유형의 문제가 출제되므로 평소 독서하는 습관을 길러 장문의 이해속도를 높이는 연습을 하도록 하여야 한다.

문제 1 다음 ㉠~㉤ 중 다음 글의 통일성을 해치는 것은?

㉠21세기의 전쟁은 기름을 확보하기 위해서가 아니라 물을 확보하기 위해서 벌어질 것이라는 예측이 있다. ㉡우리가 심각하게 인식하지 못하고 있지만 사실 물 부족 문제는 심각한 수준이라고 할 수 있다. ㉢실제로 아프리카와 중동 등지에서는 이미 약 3억 명이 심각한 물 부족을 겪고 있는데, 2050년이 되면 전 세계 인구의 3분의 2가 물 부족 사태에 직면할 것이라는 예측도 나오고 있다. ㉣그러나 물 소비량은 생활수준이 향상되면서 급격하게 늘어 현재 우리가 사용하는 물의 양은 20세기 초보다 7배, 지난 20년간에는 2배가 증가했다. ㉤또한 일부 건설 현장에서는 오염된 폐수를 정화 처리하지 않고 그대로 강으로 방류하는 잘못을 저지르고 있다.

① ㉠

② ㉡

③ ㉢

④ ㉣

✔ ⑤ ㉤

✔**해설** ㉠㉡㉢㉣ 물 부족에 대한 내용을 전개하고 있다.
㉤ 물 부족의 내용이 아닌 수질오염에 대한 내용을 나타내므로 전체적인 글의 통일성을 저해하고 있다.

자료해석

간부선발도구 예시문

자료해석검사는 주어진 통계표, 도표, 그래프 등을 이용하여 문제를 해결하는데 필요한 정보를 파악하고 분석하는 능력을 알아보기 위한 검사이다. 자료해석 문항에서는 기초적인 계산 능력보다 수치자료로부터 정확한 의사결정을 내리거나 추론하는 능력을 측정하고자 한다. 도표, 그래프 등 실생활에서 접할 수 있는 수치자료를 제시하여 필요한 정보를 선별적으로 판단·분석하고, 대략적인 수치를 빠르고 정확하게 계산하는 유형이 대부분이다.

문제 1 다음은 국가별 수출액 지수를 나타낸 그림이다. 2000년에 비하여 2006년의 수입량이 가장 크게 증가한 국가는?

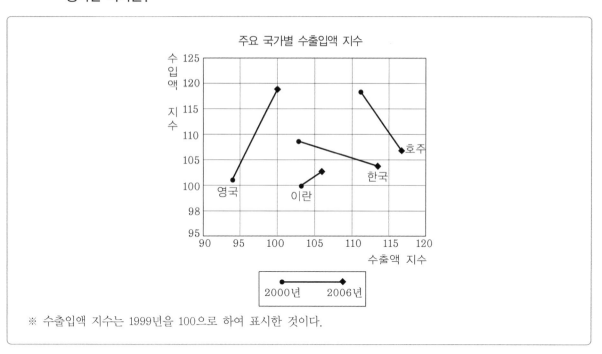

※ 수출입액 지수는 1999년을 100으로 하여 표시한 것이다.

✔ ① 영국
② 이란
③ 한국
④ 호주

해설 수입량이 증가한 나라는 영국과 이란 뿐이며, 한국과 호주는 감소하였다.
영국과 이란 중 가파른 상승세를 나타내는 것이 크게 증가한 것을 나타내므로 영국의 수입량이 가장 크게 증가한 것으로 볼 수 있다.

핵심이론정리

01 언어논리

핵심이론정리

section 01 어휘력

1 언어유추

① 동의어

두 개 이상의 단어가 소리는 다르나 의미가 같아 모든 문맥에서 서로 대치되어 쓰일 수 있는 것을 동의어라고 한다. 그러나 이렇게 쓰일 수 있는 동의어의 수는 극히 적다. 말이란 개념뿐만 아니라 느낌까지 싣고 있어서 문장 환경에 따라 미묘한 차이가 있기 때문이다. 따라서 동의어는 의미와 결합성의 일치로써 완전동의어와 의미의 범위가 서로 일치하지는 않으나 공통되는 부분의 의미를 공유하는 부분동의어로 구별된다.

ⓐ **완전동의어** : 둘 이상의 단어가 그 의미의 범위가 서로 일치하여 모든 문맥에서 치환이 가능하다.

예 사람 : 인간, 사망 : 죽음

ⓑ **부분동의어** : 의미의 범위가 서로 일치하지는 않으나 공통되는 어느 부분만 의미를 서로 공유하는 부분적인 동의어이다. 부분동의어는 일반적으로 유의어(類義語)라 불린다. 사실, 동의어로 분류되는 거의 모든 낱말들이 부분동의어에 속한다.

예 이유 : 원인

② 유의어

둘 이상의 단어가 소리는 다르면서 뜻이 비슷할 때 유의어라고 한다. 유의어는 뜻은 비슷하나 단어의 성격 등이 다른 경우에 해당하는 것이다. A와 B가 유의어라고 했을 때 문장에 들어 있는 A를 B로 바꾸면 문맥이 이상해지는 경우가 있다. 예를 들어 어머니, 엄마, 모친(母親)은 자손을 출산한 여성을 자식의 관점에서 부르는 호칭으로 유의어이다. 그러나 "어머니, 학교 다녀왔습니다."라는 문장을 "모친, 학교 다녀왔습니다."라고 바꾸면 문맥상 자연스럽지 못하게 된다.

❰ 우리말에서 유의어가 발달한 이유

ⓐ 고유어와 함께 쓰이는 한자어와 외래어
예 머리, 헤어, 모발

ⓑ 높임법이 발달
예 존함, 이름, 성명

ⓒ 감각어가 발달
예 푸르다, 푸르스름하다, 파랗다, 푸르죽죽하다.

ⓓ 국어 순화를 위한 정책
예 쪽, 페이지

ⓔ 금기(taboo) 때문에 생긴 어휘
예 동물의 성관계를 설명하면서 '짝짓기'라는 말을 만들어 쓰는 것

③ 동음이의어

둘 이상의 단어가 소리는 같으나 의미가 다를 때 동음이의어라고 한다. 동음이의어는 문맥과 상황에 따라, 말소리의 길고 짧음에 따라, 한자에 따라 의미를 구별할 수 있다.

④ 다의어

하나의 단어에 뜻이 여러 가지인 단어로 대부분의 단어가 다의를 갖고 있기 때문에 의미 분석이 어려운 것이라고 볼 수 있다. 하나의 의미만 갖는 단의어 및 동음이의어와 대립되는 개념이다.

⑤ 반의어

단어들의 의미가 서로 반대되거나 짝을 이루어 서로 관계를 맺고 있는 경우가 있다. 이를 '반의어 관계'라고 한다. 그리고 이러한 반의관계에 있는 어휘를 반의어라고 한다. 반의 및 대립 관계를 형성하는 어휘 쌍을 일컫는 용어들은 관점과 유형에 따라 '반대말, 반의어, 반대어, 상대어, 대조어, 대립어' 등으로 다양하다. 반의관계에서 특히 중간 항이 허용되는 관계를 '반대관계'라고 하며, 중간 항이 허용되지 않는 관계를 '모순관계'라고 한다.

⑥ 상·하의어

단어의 의미 관계로 보아 어떤 단어가 다른 단어에 포함되는 경우를 '하의어 관계'라고 하고, 이러한 관계에 있는 어휘가 상의어·하의어이다. 상의어로 갈수록 포괄적이고 일반적이며, 하의어로 갈수록 한정적이고 개별적인 의미를 지닌다. 따라서 하의어는 상의어에 비해 자세하다.
㉠ 상의어 : 다른 단어의 의미를 포함하는 단어를 말한다.
㉡ 하의어 : 다른 단어의 의미에 포함되는 단어를 말한다.

❷ 어휘 및 어구의 의미

① 순우리말

ⓐ ㄱ

- 가납사니 : 쓸데없는 말을 잘하는 사람. 말다툼을 잘하는 사람
- 가년스럽다 : 몹시 궁상스러워 보이다.
- 가늠 : 목표나 기준에 맞고 안 맞음을 헤아리는 기준. 일이 되어 가는 형편
- 가래다 : 맞서서 옳고 그름을 따지다.
- 가래톳 : 허벅다리의 임파선이 부어 아프게 된 멍울
- 가리사니 : 사물을 판단할 수 있는 지각이나 실마리
- 가말다 : 일을 잘 헤아려 처리하다.
- 가멸다 : 재산이 많고 살림이 넉넉하다.
- 가무리다 : 몰래 훔쳐서 혼자 차지하다. 남이 보지 못하게 숨기다.
- 가분하다 · 가붓하다 : 들기에 알맞다. (센)가뿐하다.
- 가살 : 간사하고 얄미운 태도
- 가시다 : 변하여 없어지다.
- 가장이 : 나뭇가지의 몸
- 가재기 : 튼튼하지 못하게 만든 물건
- 가직하다 : 거리가 조금 가깝다.
- 가탈 : 억지 트집을 잡아 까다롭게 구는 일
- 각다분하다 : 일을 해 나가기가 몹시 힘들고 고되다.
- 고갱이 : 사물의 핵심
- 곰살궂다 : 성질이 부드럽고 다정하다.
- 곰비임비 : 물건이 거듭 쌓이거나 일이 겹치는 모양
- 구쁘다 : 먹고 싶어 입맛이 당기다.
- 국으로 : 제 생긴 그대로. 잠자코
- 굼닐다 : 몸을 구부렸다 일으켰다 하다.

ⓑ ㄴ

- 난든집 : 손에 익은 재주
- 남우세 : 남에게서 비웃음이나 조롱을 받게 됨
- 너나들이 : 서로 너니 나니 하고 부르며 터놓고 지내는 사이
- 노적가리 : 한데에 쌓아 둔 곡식 더미
- 느껍다 : 어떤 느낌이 마음에 북받쳐서 벅차다.
- 능갈 : 얄밉도록 몹시 능청을 떪

ⓒ ㄷ

- 다락같다 : 물건 값이 매우 비싸다. 덩치가 매우 크다.
- 달구치다 : 꼼짝 못하게 마구 몰아치다.
- 답치기 : 되는 대로 함부로 덤벼드는 짓. 생각 없이 덮어놓고 하는 짓
- 대거리 : 서로 번갈아 일함
- 더기 : 고원의 평평한 곳
- 덤터기 : 남에게 넘겨씌우거나 남에게서 넘겨 맡은 걱정거리
- 뒤스르다 : (일어나 물건을 가다듬느라고)이리저리 바꾸거나 변통하다.
- 드레지다 : 사람의 됨됨이가 가볍지 않고 점잖아서 무게가 있다.
- 들마 : (가게나 상점의)문을 닫을 무렵
- 뜨막하다 : 사람들의 왕래나 소식 따위가 자주 있지 않다.
- 뜨악하다 : 마음에 선뜻 내키지 않다.

ⓓ ㅁ

- 마뜩하다 : 제법 마음에 들다.
- 마수걸이 : 맨 처음으로 물건을 파는 일. 또는 거기서 얻은 소득
- 모르쇠 : 덮어놓고 모른다고 잡아떼는 일
- 몽태치다 : 남의 물건을 슬그머니 훔치다.
- 무녀리 : 태로 낳은 짐승의 맨 먼저 나온 새끼. 언행이 좀 모자란 사람
- 무람없다 : (어른에게나 친한 사이에)스스럼없고 버릇이 없다. 예의가 없다.
- 뭉근하다 : 불이 느긋이 타거나, 불기운이 세지 않다.
- 미립 : 경험을 통하여 얻은 묘한 이치나 요령

ⓔ ㅂ

- 바이 : 아주 전혀. 도무지
- 바장이다 : 부질없이 짧은 거리를 오락가락 거닐다.
- 바투 : 두 물체의 사이가 썩 가깝게. 시간이 매우 짧게
- 반지랍다 : 기름기나 물기 따위가 묻어서 윤이 나고 매끄럽다.
- 반지빠르다 : 교만스러워 얄밉다.
- 벼리다 : 날이 무딘 연장을 불에 달구어서 두드려 날카롭게 만들다.
- 변죽 : 그릇·세간 등의 가장자리
- 보깨다 : 먹은 것이 잘 삭지 아니하여 뱃속이 거북하고 괴롭다.
- 뿌다구니 : 물건의 삐죽하게 내민 부분

ⓗ ㅅ

- 사금파리 : 사기그릇의 깨진 작은 조각
- 사위다 : 불이 다 타서 재가 되다.
- 설멍하다 : 옷이 몸에 짧아 어울리지 않다.
- 설면하다 : 자주 만나지 못하여 좀 설다. 정답지 아니하다.
- 섬서하다 : 지내는 사이가 서먹서먹하다.
- 성마르다 : 성질이 급하고 도량이 좁다.
- 시망스럽다 : 몹시 짓궂은 데가 있다.
- 쌩이질 : 한창 바쁠 때 쓸데없는 일로 남을 귀찮게 구는 것

ⓐ ㅇ

- 아귀차다 : 뜻이 굳고 하는 일이 야무지다.
- 알심 : 은근히 동정하는 마음. 보기보다 야무진 힘
- 암상 : 남을 미워하고 샘을 잘 내는 심술
- 암팡지다 : 몸은 작아도 힘차고 다부지다.
- 애면글면 : 약한 힘으로 무엇을 이루느라고 온갖 힘을 다하는 모양
- 애오라지 : 좀 부족하나마 겨우, 오로지
- 엄장 : 풍채가 좋은 큰 덩치
- 여투다 : 물건이나 돈 따위를 아껴 쓰고 나머지를 모아 두다.
- 울력 : 여러 사람이 힘을 합하여 일을 함, 또는 그 힘
- 음전하다 : 말이나 행동이 곱고 우아하다 또는 얌전하고 점잖다.
- 의뭉하다 : 겉으로 보기에는 어리석어 보이나 속으로는 엉큼하다.
- 이지다 : 짐승이 살쪄서 지름지다. 음식을 충분히 먹어서 배가 부르다.

ⓞ ㅈ

- 자깝스럽다 : 어린아이가 마치 어른처럼 행동하거나, 젊은 사람이 지나치게 늙은이의 흉내를 내어 깜찍한 데가 있다.
- 잔풍하다 : 바람이 잔잔하다.
- 재다 : 동작이 굼뜨지 아니하다.
- 재우치다 : 빨리 하도록 재촉하다.
- 적바르다 : 모자라지 않을 정도로 겨우 어떤 수준에 미치다.
- 조리차하다 : 물건을 알뜰하게 아껴서 쓰다.
- 주니 : 몹시 지루하여 느끼는 싫증
- 지청구 : 아랫사람의 잘못을 꾸짖는 말 또는 까닭 없이 남을 탓하고 원망함
- 짜장 : 과연. 정말로

ⓩ ㅊ

- 차반 : 맛있게 잘 차린 음식. 예물로 가져가는 맛있는 음식

ⓒ ㅌ

- 트레바리 : 까닭 없이 남에게 반대하기를 좋아하는 성미

ⓒ ㅍ

- 파임내다 : 일치된 의논에 대해 나중에 딴소리를 하여 그르치다.
- 푼푼하다 : 모자람이 없이 넉넉하다.

ⓒ ㅎ

- 하냥다짐 : 일이 잘 안 되는 경우에는 목을 베는 형벌이라도 받겠다는 다짐
- 하리다 : 마음껏 사치를 하다. 매우 아둔하다.
- 한둔 : 한데에서 밤을 지냄. 노숙(露宿)
- 함초롬하다 : 젖거나 서려 있는 모양이나 상태가 가지런하고 차분하다.
- 함함하다 : 털이 부드럽고 윤기가 있다.
- 헤갈 : 쌓이거나 모인 물건이 흩어져 어지러운 상태
- 호드기 : 물오른 버들가지나 짤막한 밀짚 토막으로 만든 피리
- 호젓하다 : 무서운 느낌이 날 만큼 쓸쓸하다.
- 홰 : 새장 · 닭장 속에 새나 닭이 앉도록 가로지른 나무 막대
- 휘휘하다 : 너무 쓸쓸하여 무서운 느낌이 있다.
- 희떱다 : 실속은 없어도 마음이 넓고 손이 크다. 말이나 행동이 분에 넘치며 버릇이 없다.

② 생활 어휘

ⓒ 단위를 나타내는 말

- 길이

뼘	엄지손가락과 다른 손가락을 완전히 펴서 벌렸을 때에 두 끝 사이의 거리
발	한 발은 두 팔을 양옆으로 펴서 벌렸을 때 한쪽 손끝에서 다른 쪽 손끝까지의 길이
길	한 길은 여덟 자 또는 열 자로 약 2.4미터 또는 3미터에 해당함. 또는 사람의 키 정도의 길이
치	길이의 단위. 한 치는 한 자의 10분의 1 또는 약 3.33cm에 해당함
자	길이의 단위. 한 자는 한 치의 열 배로 약 30.3cm에 해당함
리	거리의 단위. 1리는 약 0.393km에 해당함
마장	거리의 단위. 오 리나 십 리가 못 되는 거리를 이름

• 넓이

평	땅 넓이의 단위. 한 평은 여섯 자 제곱으로 3.3058m²에 해당함
홉지기	땅 넓이의 단위. 한 홉은 1평의 10분의 1
되지기	넓이의 단위. 한 되지기는 볍씨 한 되의 모 또는 씨앗을 심을 만한 넓이로 한 마지기의 10분의 1
마지기	논과 밭의 넓이를 나타내는 단위. 한 마지기는 볍씨 한 말의 모 또는 씨앗을 심을 만한 넓이로, 지방마다 다르나 논은 약 150평 ~ 300평, 밭은 약 100평 정도임
섬지기	논과 밭의 넓이를 나타내는 단위. 한 섬지기는 볍씨 한 섬의 모 또는 씨앗을 심을 만한 넓이로, 한 마지기의 10배이며, 논은 약 2,000평, 밭은 약 1,000평 정도임
간	가옥의 넓이를 나타내는 말. '간'은 네 개의 도리로 둘러싸인 면적의 넓이로, 대략 6자×6자 정도의 넓이임

• 부피

술	한 술은 숟가락 하나 만큼의 양
홉	곡식의 부피를 재기 위한 기구들이 만들어지고, 그 기구들의 이름이 그대로 부피를 재는 단위가 됨. '홉'은 그 중 가장 작은 단위(180㎖)이며 곡식 외에 가루, 액체 따위의 부피를 잴 때도 쓰임(10홉=1되, 10되=1말, 10말=1섬)
되	곡식이나 액체 따위의 분량을 헤아리는 단위. '말'의 10분의 1, '홉'의 10배이며, 약 1.8ℓ에 해당함
섬	곡식·가루·액체 따위의 부피를 잴 때 씀. 한 섬은 한 말의 열 배로 약 180ℓ에 해당함

• 무게

돈	귀금속이나 한약재 따위의 무게를 잴 때 쓰는 단위. 한 돈은 한 냥의 10분의 1, 한 푼의 열 배로 3.75g에 해당함
냥	귀금속이나 한약재 따위의 무게를 잴 때 쓰는 단위. 한 냥은 귀금속의 무게를 잴 때는 한 돈의 열 배이고, 한약재의 무게를 잴 때는 한 근의 16분의 1로 37.5g에 해당함
근	고기나 한약재의 무게를 잴 때는 600g에 해당하고, 과일이나 채소 따위의 무게를 잴 때는 한 관의 10분의 1로 375g에 해당함
관	한 관은 한 근의 열 배로 3.75kg에 해당함

• 낱개

개비	가늘고 짤막하게 쪼개진 도막을 세는 단위
그루	식물, 특히 나무를 세는 단위
닢	가마니, 돗자리, 멍석 등을 세는 단위
땀	바느질할 때 바늘을 한 번 뜬, 그 눈
마리	짐승이나 물고기, 벌레 따위를 세는 단위
모	두부나 묵 따위를 세는 단위
올(오리)	실이나 줄 따위의 가닥을 세는 단위
자루	필기 도구나 연장, 무기 따위를 세는 단위
채	집이나 큰 가구, 기물, 가마, 상여, 이불 등을 세는 단위
코	그물이나 뜨개질한 물건에서 지어진 하나하나의 매듭
타래	사리어 뭉쳐 놓은 실이나 노끈 따위의 뭉치를 세는 단위
톨	밤이나 곡식의 낱알을 세는 단위
통	배추나 박 따위를 세는 단위
포기	뿌리를 단위로 하는 초목을 세는 단위

• 수량

갓	굴비, 고사리 따위를 묶어 세는 단위. 고사리 따위 10모숨을 한 줄로 엮은 것
꾸러미	달걀 10개
동	붓 10자루
두름	조기 따위의 물고기를 짚으로 한 줄에 10마리씩 두 줄로 엮은 것을 세는 단위. 고사리 따위의 산나물을 10모숨 정도로 엮은 것을 세는 단위
벌	옷이나 그릇 따위가 짝을 이루거나 여러 가시가 모여서 갖추어진 한 덩이를 세는 단위
손	한 손에 잡을 만한 분량을 세는 단위. 조기, 고등어, 배추 따위 한 손은 큰 것과 작은 것을 합한 것을 이르고, 미나리나 파 따위 한 손은 한 줌 분량을 말함
쌈	바늘 24개를 한 묶음으로 하여 세는 단위

예 굴비 한 갓=10마리

예 조기 한 두름=20마리

예 수저 한 벌

예 고등어 한 손=2마리

접	채소나 과일 따위를 묶어 세는 단위. 한 접은 채소나 과일 100개
제(劑)	탕약 20첩. 또는 그만한 분량으로 지은 환약
죽	옷이나 그릇 따위의 열 벌을 묶어 세는 단위
축	오징어를 묶어 세는 단위
켤레	신, 양말, 버선, 방망이 따위의 짝이 되는 2개를 한 벌로 세는 단위
쾌	북어 20마리
톳	김을 묶어 세는 단위
담불	벼 100섬을 세는 단위
거리	가지, 오이 등이 50개. 반 접

ⓒ **어림수를 나타내는 수사, 수관형사**

한두	하나나 둘쯤
두세	둘이나 셋
두셋	둘 또는 셋
두서너	둘, 혹은 서너
두서넛	둘 혹은 서넛
두어서너	두서너
서너	셋이나 넷쯤
서넛	셋이나 넷
서너너덧	서넛이나 너덧. 셋이나 넷 또는 넷이나 다섯
너덧	넷 가량
네댓	넷이나 다섯 가량
네다섯	넷이나 다섯
대엿	대여섯. 다섯이나 여섯 가량
예닐곱	여섯이나 일곱
일여덟	일고여덟

ⓒ 나이에 관한 말

나이	어휘	나이	어휘
10대	沖年(충년)	15세	志學(지학)
20세	弱冠(약관)	30세	而立(이립)
40세	不惑(불혹)	50세	知天命(지천명)
60세	耳順(이순)	61세	還甲(환갑), 華甲(화갑), 回甲(회갑)
62세	進甲(진갑)	70세	古稀(고희)
77세	喜壽(희수)	80세	傘壽(산수)
88세	米壽(미수)	90세	卒壽(졸수)
99세	白壽(백수)	100세	期願之壽(기원지수)

ⓓ 가족의 호칭

구분	본인		타인	
	생존 시	사후	생존 시	사후
父 (아버지)	家親(가친) 嚴親(엄친) 父主(부주)	先親(선친) 先考(선고) 先父君(선부군)	春府丈(춘부장) 椿丈(춘장) 椿當(춘당)	先大人(선대인) 先考丈(선고장) 先人(선인)
母 (어머니)	慈親(자친) 母生(모생) 家慈(가자)	先妣(선비) 先慈(선자)	慈堂(자당) 大夫人(대부인) 萱堂(훤당) 母堂(모당) 北堂(북당)	先大夫人(선대부인) 先大夫(선대부)
子 (아들)	家兒(가아) 豚兒(돈아) 家豚(가돈) 迷豚(미돈)		令郎(영랑) 令息(영식) 令胤(영윤)	
女 (딸)	女兒(여아) 女息(여식) 息鄙(식비)		令愛(영애) 令嬌(영교) 令孃(영양)	

예 저 배를 보십시오. → 복부 / 선박 / 배나무의 열매

예 나는 철수와 명수를 만났다.
→ 나는 철수와 함께 명수를 만났다.
→ 나는 철수와 명수를 둘 다 만났다.

예 김 선생님은 호랑이다.
→ 김 선생님은 무섭다.(호랑이처럼)
→ 김 선생님은 호랑이의 역할을 맡았다.(연극에서)

예 신혼살림에 깨가 쏟아진다 : 행복하거나 만족하다.
예 백지장도 맞들면 낫다 : 아무리 쉬운 일이라도 혼자 하는 것보다 서로 힘을 합쳐서 하면 더 쉽다.

예 겨레
뜻 – 종친(宗親)
확장 – 동포 민족
예 계집
뜻 – 여성을 가리키는 일반적인 말
축소 – 여성의 낮춤말로만 쓰임
예 주책
뜻 – 일정한 생각
이동 – 일정한 생각이나 줏대가 없이 되는 대로 하는 행동

③ **의미의 사용**

㉠ **중의적 표현** : 어느 한 단어나 문장이 두 가지 이상의 의미로 해석될 수 있는 표현을 말한다.
- **어휘적 중의성** : 어느 한 단어의 의미가 중의적이어서 그 해석이 모호한 것을 말한다.
- **구조적 중의성** : 한 문장이 두 가지 이상의 의미로 해석될 수 있는 것을 말한다.
- **비유적 중의성** : 비유적 표현이 두 가지 이상의 의미로 해석되는 것을 말한다.

㉡ **관용적 표현** : 두 개 이상의 단어가 그 단어들의 의미만으로는 전체의 의미를 알 수 없는, 특수한 하나의 의미로 굳어져서 쓰이는 경우를 말한다.
- **숙어** : 하나의 의미를 나타내는 굳어진 단어의 결합이나 문장을 말한다.
- **속담** : 사람들의 오랜 생활 체험에서 얻어진 생각과 교훈을 간결하게 나타낸 구나 문장을 말한다.

④ **의미의 변화**

㉠ **의미의 확장** : 어떤 사물이나 관념을 가리키는 단어의 의미 영역이 넓어짐으로써, 그 단어의 의미가 변화하는 것을 말한다.

㉡ **의미의 축소** : 어떤 대상이나 관념을 나타내는 단어의 의미 영역이 좁아짐으로써, 그 단어의 의미가 변화하는 것을 말한다.

㉢ **의미의 이동** : 어떤 대상이나 관념을 나타내는 단어의 의미 영역이 확대되거나 축소되는 일이 없이, 그 단어의 의미가 변화하는 것을 말한다.

⑤ **의미의 변화 원인**

㉠ **언어적 원인** : 언어적 원인에 의한 의미변화는 음운적, 형태적, 문법적인 원인에 의한 의미 변화로, 여러 문맥에서 한 단어가 다른 단어와 항상 함께 쓰임으로 인해 한 쪽의 의미가 다른 쪽으로 옮겨가는 것이다.
- **전염** : '결코', '전혀' 등은 긍정과 부정에 모두 쓰였지만, 부정의 서술어인 '~아니다', '~없다' 등과 자주 호응하여 점차 부정의 의미로 전염되어 사용되었다.
- **생략** : 단어나 문법적 구성의 일부가 줄어들고 그 부분의 의미가 잔여 부분에 감염되는 현상으로 '콧물> 코', '머리털> 머리', '아침밥> 아침' 등이 그 예이다.

ⓛ 역사적 원인

- 지시물의 실제적 변화
- 지시물에 대한 지식의 변화
- 지시물에 대한 감정적 태도의 변화

ⓒ 사회적 원인 : 사회적 원인에 의한 의미 변화는 사회를 구성하는 제 요소가 바뀜에 따라 관련 어휘가 변화하는 현상이다.

- 의미의 일반화 : 특수집단의 말이 일반적인 용법으로 차용될 때 그 의미 가 확대되어 일반 언어로 바뀌기도 한다.
- 의미의 특수화 : 한 단어가 일상어에서 특수 집단의 용어로 바뀔 때, 극 히 한정된 의미만을 남기게 되는 것이다.

ⓔ 심리적 원인 : 심리적 원인에 의한 의미 변화는 화자의 심리상태나 정신구조의 영속적인 특성에 의해 의미 변화가 일어나는 것으로, 대 표적인 예로 금기에 관한 것들을 들 수 있다.

예 신발(짚신 > 고무신 > 운동화, 구두)
　차(수레 > 자동차)

예 병(炳)(악령이 침입하여 일어나는 현상
　> 병균에 의해 일어나는 현상)
　해가 뜬다(천동설 > 지동설)

예 교도소(감옥소 > 형무소 > 교도소)
　효도(절대적인 윤리 > 최소한의 도리)

section **02** 언어추리 및 독해력

1 문장 구성

① 주장하는 글의 구성

ⓐ 2단 구성 : 서론 − 본론, 본론 − 결론
ⓛ 3단 구성 : 서론 − 본론 − 결론
ⓒ 4단 구성 : 기 − 승 − 전 − 결
ⓔ 5단 구성 : 도입 − 문제제기 − 주제제시 − 주제전개 − 결론

② 설명하는 글의 구성

ⓐ 단락 : 하나 이상의 문장이 모여서 통일된 한 가지 생각의 덩어리를 이루는 단위가 단락이다. 이를 위해서 하나의 주제문과 이를 뒷받침 하는 하나 이상의 뒷받침문장이 필요하다. 주제문에는 반드시 뒷받 침 받아야 할 부분이 포함되어 있으며 뒷받침문장은 주제문에 대한 설명 또는 이유가 된다.

ⓛ 구성 원리
- 통일성 : 단락은 '생각의 한 단위'라는 속성을 가지고 있듯이 구성 원리 중에서 통일성은 단락 안에 두 가지 이상의 생각이 있는 경우이다.
- 일관성 : 중심문장의 애매한 부분을 설명하거나 이유를 제시할 때에는 중심문장의 범주를 벗어나면 안 된다.
- 완결성 : 단락은 중심문장과 뒷받침문장이 모두 있어야 구성이 완결된다.

③ 부사어와 서술어에 유의
  ㉠ **설사, 설령, 비록** : 어떤 내용을 가정으로 내세운다.
  ㉡ **모름지기** : 뒤에 의무를 나타내는 말이 온다.
  ㉢ **결코** : 뒤에 항상 부정의 말이 온다.
  ㉣ **차라리** : 앞의 내용보다 뒤의 내용이 더 나음을 나타낸다.
  ㉤ **어찌** : 문장을 묻는 문장이 되게 한다.
  ㉥ **마치** : 비유적인 표현과 주로 호응한다.

❷ 문장 완성

① 접속어 또는 핵심단어
  (   ) 안에 들어갈 것은 접속어 또는 핵심단어이다. 핵심단어는 문장 전체의 중심적 내용에서 판단한다.

② 올바른 접속어 선택

관계	내용	접속어의 예
순접	앞의 내용을 이어받아 연결시킴	그리고, 그리하여, 이리하여
역접	앞의 내용과 상반되는 내용연결	그러나, 하지만, 그렇지만, 그래도
인과	앞뒤의 문장을 원인과 결과로 또는 결과와 원인으로 연결시킴	그래서, 따라서, 그러므로, 왜냐하면
전환	뒤의 내용이 앞의 내용과는 다른 새로운 생각이나 사실을 서술하여 화제를 바꾸며 이어줌	그런데, 그러면, 다음으로, 한편, 아무튼
예시	앞의 내용을 구체적인 예로 설명함	예컨대, 이를테면, 예를 들면
첨가·보충	앞의 내용에 새로운 내용을 덧붙이거나 보충함	그리고, 더구나, 게다가, 뿐만 아니라
대등·병렬	앞뒤의 내용을 같은 자격으로 나열하면서 이어줌	그리고, 또는, 및, 혹은, 이와 함께
확언·요약	앞의 내용을 바꾸어 말하거나 간추려 짧게 요약함	요컨대, 즉, 결국, 말하자면

CHECK **TIP**

---

section **03** 독해

1 글의 주제 찾기

① 주제가 겉으로 드러난 글

  ㉠ 글의 주제 문단을 찾는다. 주세 문단의 요지가 주제이다.

  ㉡ 대개 3단 구성이므로 끝 부분의 중심 문단에서 주제를 찾는다.

  ㉢ 중심 소재(제재)에 대한 글쓴이의 입장이 나타난 문장이 주제문이다.

  ㉣ 제목과 밀접한 관련이 있음에 유의한다.

예 설명문, 논설문 등

② 주제가 겉으로 드러나지 않는 글

  ㉠ 글의 제재를 찾아 그에 대한 글쓴이의 의견이나 생각을 연결시키면 바로 주제를 찾을 수 있다.

  ㉡ 제목이 상징하는 바가 주제가 될 수 있다.

  ㉢ 인물이 주고받는 대화의 화제나 화제에 대한 의견이 주제일 수도 있다.

  ㉣ 글에 나타난 사상이나 내세우는 주장이 주제가 될 수도 있다.

  ㉤ 시대적·사회적 배경에서 글쓴이가 추구하는 바를 찾을 수 있다.

예 문학적인 글

2 세부 내용 파악하기

① 제목을 확인한다.

② 주요 내용이나 핵심어를 확인한다.

③ 지시어나 접속어에 유의하며 읽는다.

④ 중심 내용과 세부 내용을 구분한다.

⑤ 내용 전개 방법을 파악한다.

⑥ 사실과 의견을 구분하여 내용의 객관성과 주관성을 파악한다.

❮ 독해 비법

  ㉠ 화제 찾기
  • 설명문에서는 물음표가 있는 문장이 화제일 확률이 높음
  • 첫 문단과 끝 문단을 주시
  ㉡ 접속사 찾기
  • 특히 '그러나' 다음 문장은 중심내용일 확률이 높음
  ㉢ 각 단락의 소주제 파악
  • 각 단락의 소주제를 파악한 후 인과적으로 연결

❴ **주제어 파악의 방법**

㉠ 추상어 중 반복되는 말에 주목한다.
㉡ 그 말을 중심으로 글을 전개해 나가는 말을 찾는다.

❴ **정보의 위상**

㉠ 전제와 주지 : 글의 핵심이 되는 정보를 주지(主旨)라 하고, 이를 도출해 내기 위해 미리 제시하는 사전 정보를 전제(前提)라 한다.
㉡ 일화와 개념 : 일화적 정보와 개념적 정보가 함께 어우러져 있으면, 개념적 정보가 더 포괄적이고 종합적이므로 우위에 놓인다.
㉢ 설명과 설득 : 설명은 어떤 주지적인 내용을 해명하여 이해하도록 하는 것이며, 설득은 보다 더 적극성을 부여하여 이해의 차원을 넘어 동의하고 공감하여 글쓴이의 의견에 동조하거나 행동으로 옮기도록 하는 것이다.

❴ **문장을 꼼꼼히 읽는 방법**

㉠ 문장의 주어에 주목한다
㉡ 접속어와 지시어 사용에 유의한다.
㉢ 문장을 읽을 때는 항상 펜을 들고 문장의 중심 내용에 밑줄을 긋는 습관을 들인다.

❴ **문단의 중심 내용을 찾는 방법**

㉠ 문단에서 반복되는 어휘에 주목한다.
㉡ 문장과 문장 간의 관계에 유의해서 읽는다.
㉢ 글쓴이가 그 문단에서 궁극적으로 말하고자 하는 바를 생각해 본다.

③ 중심 내용 파악하기

① 주제어 파악 … 글 전체를 읽어가면서 화제(話題)가 되는 말을 확인하고, 화제어 중에서 가장 중심이 되는 말을 선별해야 한다.

② 중심 내용의 파악
 ㉠ 글을 제대로 이해하려면 글을 간추려 중심 내용을 파악해야 한다.
 ㉡ 글에 나타나 있는 여러 정보 상호 간의 위상이나 집필 의도 등을 고려해 핵심 내용을 선별해야 한다.
 ㉢ 주제문 파악 방법
 • 집필 의도 등을 고려하여 글의 내용을 입체화시켜 본다.
 • 추상적 진술의 문장 등 화제를 집중적으로 해명한 문장을 찾는다.
 • 배제(排除)의 방법을 이용하여 정보의 중요도를 따져본다.
 ㉣ 중심 내용 찾기의 과정
 • 문장을 꼼꼼히 읽는다.
 • 문단의 중심 내용을 파악한다.
 • 글 전체의 중심 내용을 파악한다.

④ 글의 구조 파악하기

① 글의 구조
 ㉠ 한 편의 글은 하나 이상의 문단이, 하나의 문단은 하나 이상의 문장이 모여서 이루어진다.
 ㉡ 이러한 성분들은 하나의 주제를 나타내기 위해 짜임새 있게 연결되어 있다.
 ㉢ 이러한 글의 짜임새를 글의 구조라 한다.

② 글의 구조 파악하기의 의미 … 단순히 글의 정보를 확인하고 이해하는 것에서 나아가 정보의 조직 방식과 정보 간의 관계까지 파악하는 것을 포함한다.

③ 글의 구조 파악하기 방법
 ㉠ 문단의 중심 내용 파악하기
 • 글의 구조를 파악하기 위해서는 문단의 중심 내용을 먼저 파악해야 한다.
 • 글의 구조는 글의 내용과 밀접한 관련이 있기 때문이다.

ⓛ 문단의 기능 파악하기
- 한 편의 글은 여러 개의 형식 문단이 모여 이루어지는데, 이 때 각 문단은 각각의 기능을 지닌 채 유기적인 짜임으로 이루어져 있다.
- 글의 구조는 각 문단이 수행하는 기능과 역할을 파악해야 한다.

ⓒ 기능에 따른 문단의 유형
- 도입 문단 : 본격적으로 글을 써 나가기 위하여 글을 쓰는 동기나 목적, 과제 등을 제시하는 문단이다. 화제를 유도하며, 무엇보다도 독자의 흥미와 관심을 잡아끌어 글의 내용에 주목하게 한다.
- 전체 문단 : 논리적 전개의 바탕을 이루는 문단이다. 연역적 방법으로 전개되는 글에서 선제를 설정하는 경우와 비판적 관점으로 발전하기 위해 먼저 상식적 편견을 제시하는 경우가 많다.
- 발전 문단 : 앞 문단의 내용을 심화시켜 주제를 형상화하는 문단이다.
- 강조 문단 : 어떤 특정한 내용을 강조하는 문단이다. 어떤 문단을 독립시켜 강조하거나, 결론에서 특정한 내용을 반복하여 지적하는 경우가 많다.

④ 문단과 문단의 관계 파악하기 : 한 편의 글을 구성하고 있는 각각의 문단은 독립적으로 존재하는 것이 아니라 앞뒤 문단과 밀접한 관련이 있으므로 문단과 문단의 관계를 파악하는 것이 중요하다.

5 핵심 정보 파악하기

① 핵심 정보의 파악
ⓐ 설명하는 글은 글쓴이가 알고 있는 사실이나 정보를 독자에게 쉽게 전달하기 위해 쓴 글이기 때문에 글쓴이의 의견은 거의 배제되기 쉽고 객관성이 강하다는 특징이 있다.
ⓑ 새로운 정보를 전달하는 글은 설명하고자 하는 핵심 정보를 파악하는 일이 글을 이해하는 데에 무엇보다 중요하다.

② 핵심 정보 파악하기의 방법
ⓐ 글의 첫머리에 유의하기
- 글쓴이는 말하고자 하는 부분 즉, 핵심 내용을 효과적으로 전달하기 위해 여러 가지 방법을 사용한다.
- 가장 일차적인 방법은 글의 첫머리에 자신이 설명하고자 하는 대상을 제시하는 것이다.
- 글의 첫머리는 독자에게 인상적으로 다가오기 때문에 글쓴이는 대상의 개념이나 글의 핵심 정보와 관련된 내용을 주로 이 부분에 배치한다.

CHECK TIP

❰ 문단의 기능을 파악하는 방법
ⓐ 문단의 기능을 나타내는 표현에 주목한다.
ⓑ 문단의 중심 내용을 글 전체의 주제와 비교하여 어떤 관계를 맺고 있는지 판단한다.
ⓒ 문단의 위치도 문단의 기능과 관련이 있으므로 문단의 기능에 따른 문단의 종류와 위치 등을 알아 둔다.

❰ 문단과 문단의 관계를 파악하는 방법
ⓐ 글 전체의 주제를 염두에 두고 인접한 문단끼리 중심 내용을 비교해 본다.
ⓑ 첫째, 둘째, 셋째 등의 내용 열거를 위한 표현들을 찾아 확인한다.
ⓒ 문단과 문단을 잇는 접속어에 유의한다.

ⓛ 반복되는 표현에 집중하기
- 문단의 중심 내용은 자주 반복되어 진술된다.
- 글 전체에서도 중점적으로 설명하고자 하는 대상을 자주 반복하여 독자에게 강조하고자 한다.
- 반복되는 내용을 통해 문단의 중심 내용을 파악하고 다른 문단과의 관계를 파악하면, 글 전체의 핵심 내용을 파악하는 데 많은 도움이 된다.

ⓒ 문단의 중심 내용 종합하기
- 하나의 문단에는 하나의 중심 내용과 이를 뒷받침하는 여러 문장들이 배치되어 있듯이 한 편의 글도 핵심 정보를 위해 관련된 문단이 유기적으로 조직되어 있다.
- 문단의 중심 내용을 찾은 후에는 그 중요성을 파악하고, 문단의 중심 내용을 모아 그 중요도를 따져보면 글 전체의 핵심 내용을 찾을 수 있다.

6 비판하며 읽기

① 비판하며 읽기 … 글에 제시된 정보를 정확하게 이해하기 위하여 내용의 적절성을 비평하고 판단하며 읽는 것을 말한다.

② 비판의 기준
ⓘ 준거 : 어떤 정보에 대해 가치를 판단할 수 있는, 이미 공인되고 통용되는 객관적인 기준을 말한다.
ⓛ 내적 준거 : 글 자체의 내용이나 구조, 표현 등과 같이 글 내부의 조직 원리와 관계된 판단 기준을 말한다.
- 적절성 : 글을 쓰는 목적, 대상에 따라 그에 알맞은 내용과 표현을 요구한다. 즉 글의 내용을 표현하는 어휘, 문장 구조, 서술 방식 등이 본래의 내용을 정확하고 적절하게 드러내어 잘 조화를 이루고 있는지를 판단하는 기준이 적절성의 기준이다.
- 유기성 : 유기성은 사고의 전개 과정, 즉 필자의 논지 전개가 일관되고 요소 간의 응집성이 갖추어져 있는지, 혹은 논리적 일탈은 없는지를 비판하는 기준이 되는 조건이다.
- 타당성 : 글의 내용이 제대로 표현되려면 필자의 생각을 뒷받침하는 논지와 그 제시 방법이 합리적이고 타당해야 한다. 이러한 타당성의 기준은 필자의 주관적인 견해를 마치 객관적인 사실과 진리인 것처럼 전제하고 있지는 않은가를 비판하는 기준이다.

ⓒ 외적 준거 : 사회 규범이나 보편적 가치관, 도덕과 윤리, 또는 시대 배경과 환경 등 글이 읽히는 상황과 관련되는 판단 기준을 말한다.

- 신뢰성 : 글 속에 담겨 있는 사실이나 전제, 견해들이 일반적인 진리에 비추어 옳은가를 판단하는 기준이다.
- 공정성 : 어떤 생각이 일반적인 사회 통념이나 윤리적·도덕적 가치 기준에 부합하는지, 그것이 일부의 사람들에게만이 아닌 대부분의 사람들에게 공감을 받을 수 있는지의 여부를 판단하는 기준이다.
- 효용성 : 글 속에 담겨 있는 정보나 견해가 현실적인 기준에 비추어 보았을 때 얼마나 유용한가를 평가하는 기준이다.

③ 비판하며 읽기의 방법

ㄱ 주장과 근거 찾기

- 주장하는 글을 읽을 때 가장 쉽게 범하는 실수는 주장과 근거를 혼동하는 것이다.
- 주장이 글쓴이가 독자를 설득하려는 중심 생각이고, 근거는 그 주장을 뒷받침하는 재료이다.
- 근거는 주장과 깊은 관련이 있지만 주장 그 자체는 아니다.

ㄴ 주장의 타당성 판단하기

- 주장이 무엇인지 파악하고 그 근거를 찾은 후에는 주장의 타당성을 검토한다.
- 글을 읽으면서 글쓴이의 입장이나 관점이 올바른가, 잘못된 관점이나 전제는 없는가, 예를 든 내용이 주장과 밀접한 관계가 있는가 등을 글쓴이의 관점과 반대되는 입장이나 자시의 관점에서 비판해 본다.

ㄷ 주장을 비판적으로 수용하기

- 주장이 타당하더라도 글쓴이의 주장을 무조건 받아들여서는 안된다.
- 글의 내용과 표현에 대해 의문을 품고 옳고 그름을 평가하거나, 자신의 관점과 다른 부분에 대해 반박하며 수용해야 한다.

❼ 추론하며 읽기

① **추론하며 읽기** … 이미 알려진 판단(전제)을 근거로 하여 새로운 판단(결론)을 이끌어 내기 위하여, 글 속에 명시적으로 드러나 있지 않은 내용, 과정, 구조에 관한 정보를 논리적 비약 없이 추측하거나 상상하며 읽는 것을 말한다.

❰ 주장을 비판적으로 수용하는 방법

ㄱ 나의 관점에서 글쓴이의 생각에 반론을 제시해 본다.

ㄴ 주장에 대해 의문을 품고, 다른 측면의 생각은 없는지 질문해 본다.

ㄷ 글쓴이의 의견이 시대적, 사회적 기준 등에 적합한가를 판단한다.

ㄹ 대립하는 두 견해나 관점을 소개하는 경우 중립적인 관점에서 바라본 것인지 확인한다.

❮ 전제나 근거를 파악하는 방법

ㄱ 전제나 근거는 대개 결론이나 주장
  을 담은 문단 앞에 위치하므로 중심
  문단 바로 앞 문단의 주제문을 찾아
  결론과의 관계를 확인한다.
ㄴ 전제를 파악할 때는 인과 관계가 성
  립되는지를 확인한다.
ㄷ 전제에는 원인 외에도 가정과 조건
  등의 전제를 생각할 수 있어야 한다.

② 추론하며 읽기의 방법
  ㉠ **글의 결론 파악하기** : 글의 결론은 추론 과정의 산물이므로 추론 과정
    을 이해하기 위해서는 먼저 글의 결론이나 글쓴이의 주장을 파악해
    야 한다.
  ㉡ **전제나 근거 파악하기**
    • 전제란 결론을 이끌어 내는 과정에서 필요한 논리적 근거로서 주장이나
      결론과 밀접한 관련이 있으며, 전제가 달라지면 주장이나 결론도 달라
      진다.
    • 전제를 결론이나 주장과 따로 떼어서 다루는 것은 의미가 없다.

③ **추론 방식 파악하기**
  ㉠ **연역 추리**
    • 일반적인 원리를 전제로 하여 특수한 사실에 대한 판단의 옳고 그름을
      증명하는 추리이다.
    • 어떤 특정한 대상에 대한 판단은 연역 추리에 의한 결론이 된다.
    • 전제를 인정하면 필연적으로 결론을 인정하게 된다.
  ㉡ **귀납 추리**
    • 충분한 수효의 특수한 사례에서 일반적인 원리를 이끌어 내어 사례 전
      체를 설명하는 추리이다.
    • 여러 사례에 두루 적용할 수 있는 일반적인 판단은 귀납 추리에 의한
      결론이 된다.
    • 전제를 다 인정하여도 결론을 필연적으로 인정하지 않을 수도 있다.
  ㉢ **유비 추리**
    • 범주가 다른 대상 사이의 유사성을 바탕으로 하나의 대상을 다른 대상
      의 특성에 비추어 설명하는 추리이다.
    • 두 대상이 어떤 점에서 공통된다는 것을 바탕으로 다른 측면도 같다고
      판단하면, 이것이 곧 추리의 결론이 된다.
    • 이 경우에 한 쪽의 대상만 특수하게 지닌 속성을 다른 대상도 지니고
      있다고 판단하면 오류가 된다.
  ㉣ **가설 추리**
    • 어떤 현상을 설명할 수 있는 원인을 잠정적으로 판단하고, 현상을 검토
      하여 그 판단의 정당성을 밝히는 추리이다.
    • 현상의 원인에 대한 판단은 가설 추리에 의한 결론이 된다.
    • 이 경우에는 누군가 더 적절한 다른 가설을 제시할 수 있고, 가설로 설
      명할 수 없는 다른 사례가 발견되면, 그 가설은 틀린 것이 될 수 있다.

자료해석 02

핵심이론정리

---

section 01 자료해석의 이해

❶ 자료읽기 및 독해력

제시된 표나 그래프 등을 보고 표면적으로 제공하는 정보를 정확하게 읽어내는 능력을 확인하는 문제가 출제된다. 특별한 계산을 하지 않아도 자료에 대한 정확한 이해를 바탕으로 정답을 찾을 수 있다.

❷ 자료 이해 및 단순계산

문제가 요구하는 것을 찾아 자료의 어떤 부분을 갖고 그 문제를 해설해야 하는지를 파악할 수 있는 능력을 확인한다. 문제가 무엇을 요구하는지 자료를 잘 이해해서 사칙연산부터 나오는 숫자의 의미를 알아야 한다. 계산 자체는 단순한 것이 많지만 소수점의 위치 등에 유의한다. 자료 해석 문제는 무엇보다도 꼼꼼함을 요구한다. 숫자나 비율 등을 정확하게 확인하고, 이에 맞는 식을 도출해서 문제를 푸는 연습과 표를 보고 정확하게 해석할 수 있는 연습이 필요하다.

❸ 응용계산 및 자료추리

자료에 주어진 정보를 응용하여 관련된 다른 정보를 도출하는 능력을 확인하는 유형으로 각 자료의 변수의 관련성을 파악하여 문제를 풀어야 한다. 하나의 자료만을 제시하지 않고 두 개 이상의 자료가 제시한 후 각 자료의 특성을 정확히 이해하여 하나의 자료에서 도출한 내용을 바탕으로 다른 자료를 이용해서 문제를 해결하는 유형도 출제된다.

④ 대표적인 자료해석 문제 해결 공식

① 증감률

전년도 매출을 P, 올해 매출을 N이라 할 때, 전년도 대비 증감률은
$$\frac{N-P}{P} \times 100$$

② 비례식

ⓐ 비교하는 양 : 기준량 = 비교하는 양 : 기준량

ⓑ 전항 : 후항 = 전항 : 후항

ⓒ 외항 : 내항 = 내항 : 외항

③ 백분율

$$비율 \times 100 = \frac{비교하는 양}{기준량} \times 100$$

section 02 차트의 종류 및 특징

❶ 세로 막대형

시간의 경과에 따른 데이터 변동을 표시하거나 항목별 비교를 나타내는 데 유용하다. 보통 세로 막대형 차트의 경우 가로축은 항목, 세로축은 값으로 구성된다.

❷ 꺾은선형

꺾은선은 일반적인 척도를 기준으로 설정된 시간에 따라 연속적인 데이터를 표시할 수 있으므로 일정 간격에 따라 데이터의 추세를 표시하는 데 유용하다. 꺾은선형 차트에서 항목 데이터는 가로축을 따라 일정한 간격으로 표시되고 모든 값 데이터는 세로축을 따라 일정한 간격으로 표시된다.

③ 원형

데이터 하나에 있는 항목의 크기가 항목 합계에 비례하여 표시된다. 원형 차트의 데이터 요소는 원형 전체에 대한 백분율로 표시된다.

④ 가로 막대형

가로 막대형은 개별 항목을 비교하여 보여준다. 단, 표시되는 값이 기간인 경우는 사용할 수 없다.

⑤ 주식형

이름에서 알 수 있듯이 주가 변동을 나타내는 데 주로 사용한다. 과학 데이터에도 이 차트를 사용할 수 있는데 예를 들어 주식형 차트를 사용하여 일일 기온 또는 연간 기온의 변동을 나타낼 수 있다.

section 03 기초연산능력

① 사칙연산

수에 관한 덧셈, 뺄셈, 곱셈, 나눗셈의 네 종류의 계산법으로 업무를 원활하게 수행하기 위해서는 기본적인 사칙연산뿐만 아니라 다단계의 복잡한 사칙연산까지도 계산할 수 있어야 한다.

② 검산

① **역연산** … 덧셈은 뺄셈으로, 뺄셈은 덧셈으로, 곱셈은 나눗셈으로, 나눗셈은 곱셈으로 확인하는 방법이다.

② **구거법** … 원래의 수와 각 자리의 수의 합이 9로 나눈 나머지가 같다는 원리를 이용한 것으로 9를 버리고 남은 수로 계산하는 것이다.

section **04** 기초통계능력

❶ 통계

① **통계** … 통계란 집단현상에 대한 구체적인 양적 기술을 반영하는 숫자이다.

② **통계의 이용**
 ㉠ 많은 수량적 자료를 처리가능하고 쉽게 이해할 수 있는 형태로 축소
 ㉡ 표본을 통해 연구대상 집단의 특성을 유추
 ㉢ 의사결정의 보조수단
 ㉣ 관찰 가능한 자료를 통해 논리적으로 결론을 추출·검증

③ **기본적인 통계치**
 ㉠ **빈도와 빈도분포** : 빈도란 어떤 사건이 일어나거나 증상이 나타나는 정도를 의미하며, 빈도분포란 빈도를 표나 그래프로 종합적으로 표시하는 것이다.
 ㉡ **평균** : 모든 사례의 수치를 합한 후 총 사례 수로 나눈 값이다.
 ㉢ **백분율** : 전체의 수량을 100으로 하여 생각하는 수량이 그 중 몇이 되는가를 퍼센드로 나타낸 것이다.

④ **통계기법**
 ㉠ **범위와 평균**
  • 범위 : 분포의 흩어진 정도를 가장 간단히 알아보는 방법으로 최곳값에서 최젓값을 뺀 값을 의미한다.
  • 평균 : 집단의 특성을 요약하기 위해 가장 자주 활용하는 값으로 모든 사례의 수치를 합한 후 총 사례 수로 나눈 값이다.
 ㉡ **분산과 표준편차**
  • 분산 : 관찰값의 흩어진 정도로, 각 관찰값과 평균값의 차의 제곱의 평균이다.
  • 표준편차 : 평균으로부터 얼마나 떨어져 있는가를 나타내는 개념으로 분산값의 제곱근 값이다.

예 관찰값이 1, 3, 5, 7, 9일 경우 범위는 $9 - 1 = 8$
평균은 $\dfrac{1+3+5+7+9}{5} = 5$

예 관찰값이 1, 2, 3이고 평균이 2인 집단의 분산은
$\dfrac{(1-2)^2 + (2-2)^2 + (3-2)^2}{3} = \dfrac{2}{3}$
표준편차는 분산값의 제곱근 값인 $\sqrt{\dfrac{2}{3}}$ 이다.

⑤ 통계자료의 해석

　㉠ **다섯숫자 요약**

　　• 최솟값 : 원자료 중 값의 크기가 가장 작은 값

　　• 최댓값 : 원자료 중 값의 크기가 가장 큰 값

　　• 중앙값 : 최솟값부터 최댓값까지 크기에 의하여 배열했을 때 중앙에 위치하는 사례의 값

　　• 하위 25%값 · 상위 25%값 : 원자료를 크기 순으로 배열하여 4등분한 값

　㉡ **평균값과 중앙값** : 평균값과 중앙값은 그 개념이 다르기 때문에 명확하게 제시해야 한다.

❷ 도표분석

① **도표의 종류**

　㉠ **목적별** : 관리(계획 및 통제), 해설(분석), 보고

　㉡ **용도별** : 경과 그래프, 내역 그래프, 비교 그래프, 분포 그래프, 상관 그래프, 계산 그래프

　㉢ **형상별** : 선 그래프, 막대 그래프, 원 그래프, 점 그래프, 층별 그래프, 레이더 차트

② **도표의 활용**

　㉠ **선 그래프**

　　• 주로 시간의 경과에 따라 수량에 의한 변화 상황(시계열 변화)을 절선의 기울기로 나타내는 그래프이다.

　　• 경과, 비교, 분포를 비롯하여 상관관계 등을 나타낼 때 쓰인다.

　㉡ **막대 그래프**

　　• 비교하고자 하는 수량을 막대 길이로 표시하고 그 길이를 통해 수량 간의 대소관계를 나타내는 그래프이다.

　　• 내역, 비교, 경과, 도수 등을 표시하는 용도로 쓰인다.

　㉢ **원 그래프**

　　• 내역이나 내용의 구성비를 원을 분할하여 나타낸 그래프이다.

　　• 전체에 대해 부분이 차지하는 비율을 표시하는 용도로 쓰인다.

　㉣ **점 그래프**

　　• 종축과 횡축에 2요소를 두고 보고자 하는 것이 어떤 위치에 있는가를 나타내는 그래프이다.

　　• 지역분포를 비롯하여 도시, 지방, 기업, 상품 등의 평가나 위치 · 성격을 표시하는데 쓰인다.

예 연도별 매출액 추이 변화 등

예 영업소별 매출액, 성적별 인원분포 등

예 제품별 매출액 구성비 등

예 광고비율과 이익률의 관계 등

PART

02

출제예상문제

공간능력

≫ 정답 및 해설 p.256

Q 【01~20】 다음 입체도형의 전개도로 알맞은 것을 고르시오.

- 입체도형을 전개하여 전개도를 만들 때, 전개도에 표시된 그림(예 : ▌▌, ◢, ▬ 등)은 회전의 효과를 반영함. 즉, 본 문제의 풀이과정에서 보기의 전개도 상에 표시된 ▌▌과 ▬는 서로 다른 것으로 취급함.
- 단, 기호 및 문자(예 : ♨, ☎, ♨, K, H)의 회전에 의한 효과는 본 문제의 풀이과정에 반영하지 않음. 즉, 입체도형을 펼쳐 전개도를 만들었을 때 ⬆의 방향으로 나타나는 기호 및 문자도 보기에서는 ☎방향으로 표시하며 동일한 것으로 취급함.

01

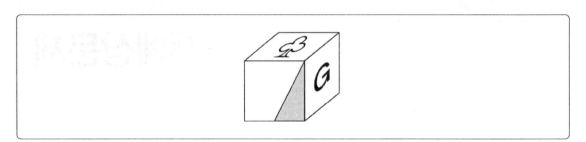

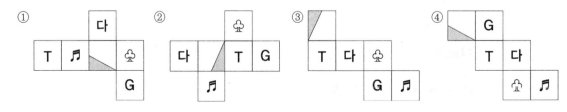

02

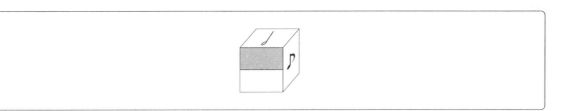

①

②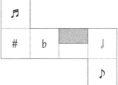

③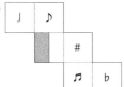

④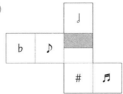

03

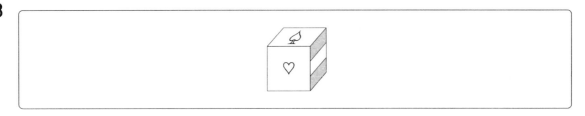

①

②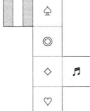

③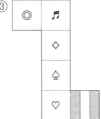

④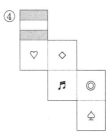

04

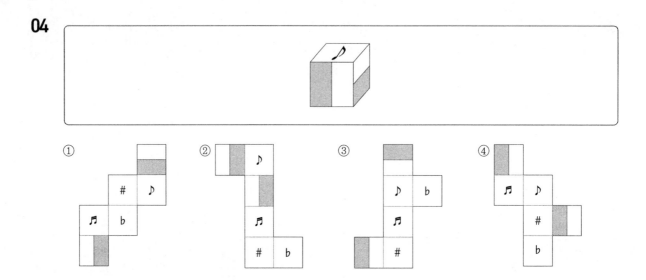

05

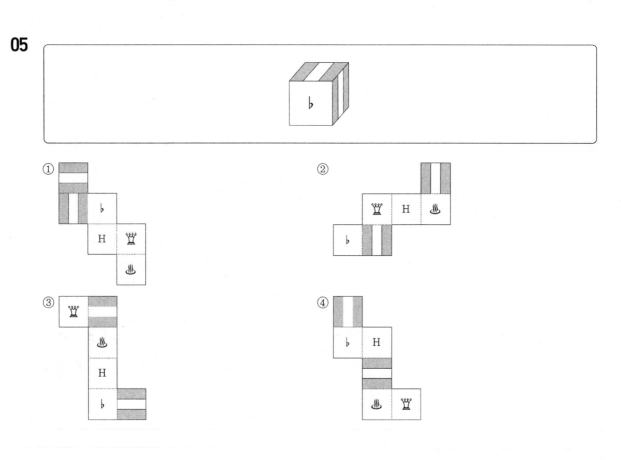

06

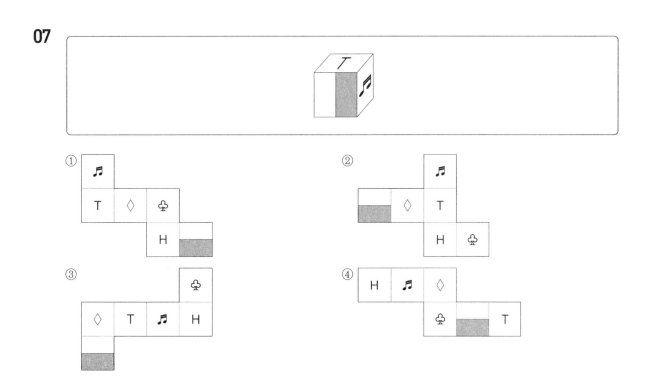

07

08

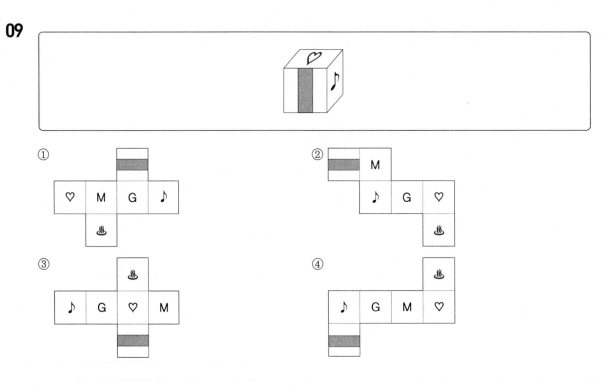

09

10

①
H ♡ ? A
!

②
A ! ? H
♡

③
A ? ! H
♡

④
♡ H
! A ?

11

①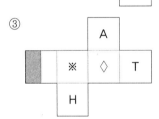
◇
A ※ T
H

②
T H
※ ◇
A

③
A
※ ◇ T
H

④
H ◇
T ※ A

12

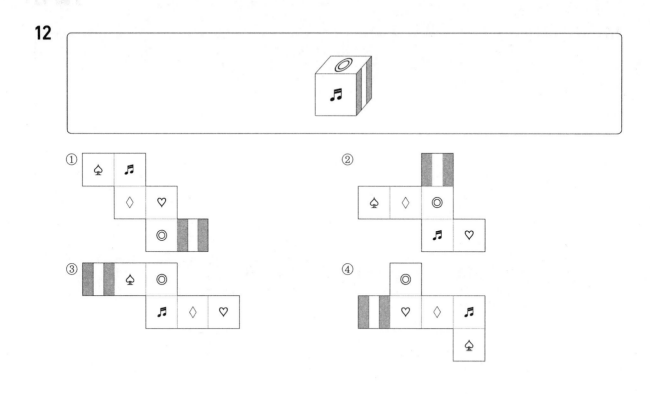

13

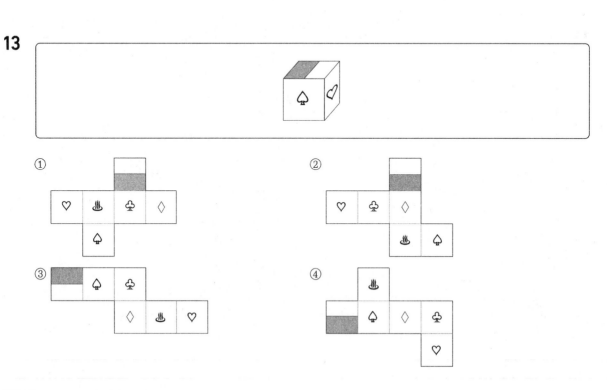

14

①

②

③

④

15

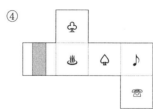

①

②

③

④

16

①

②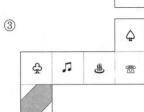

③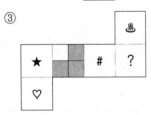

④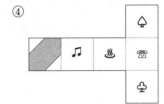

17

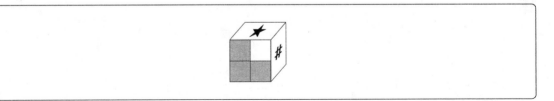

① ② ③ ④

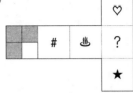

18

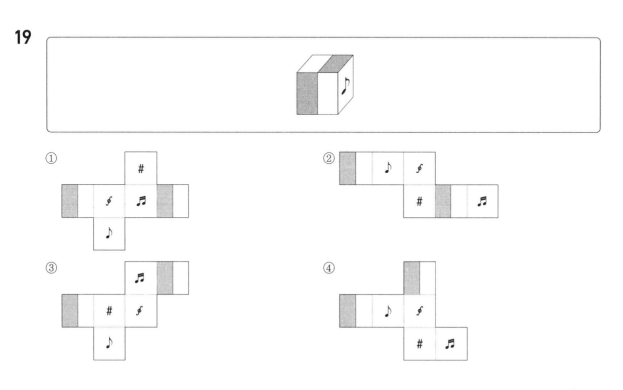

20

①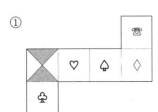

②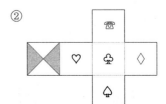

③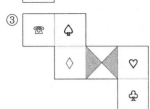

④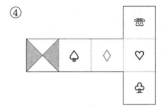

Q 【21~40】 다음 전개도로 만든 입체도형에 해당하는 것을 고르시오.

- 전개도를 접을 때 전개도 상의 그림, 기호, 문자가 입체도형의 겉면에 표시되는 방향으로 접음.
- 전개도를 접어 입체도형을 만들 때, 전개도에 표시된 그림(예 : ▐, ◣, ▬ 등)은 회전의 효과를 반영함. 즉, 본 문제의 풀이과정에서 보기의 전개도 상에 표시된 ▐과 ▬는 서로 다른 것으로 취급함.
- 단, 기호 및 문자(예 : ☍, ☎, ♨, K, H)의 회전에 의한 효과는 본 문제의 풀이과정에 반영하지 않음. 즉, 전개도를 접어 입체도형을 만들었을 때 ▣의 방향으로 나타나는 기호 및 문자도 보기에서는 ☎방향으로 표시하며 동일한 것으로 취급함.

21

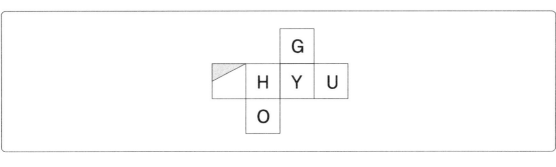

①   ②   ③   ④

22

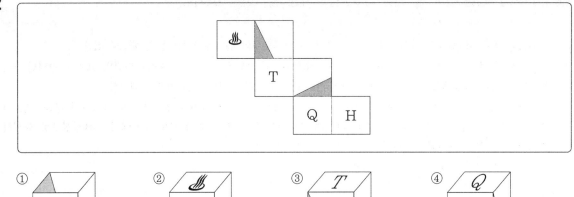

①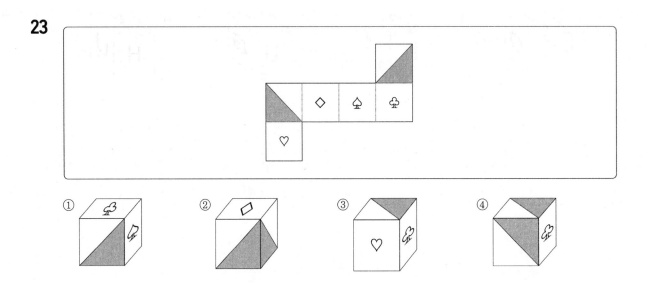

23

24

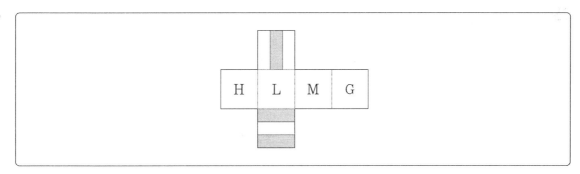

①   ② 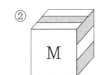   ③   ④

25

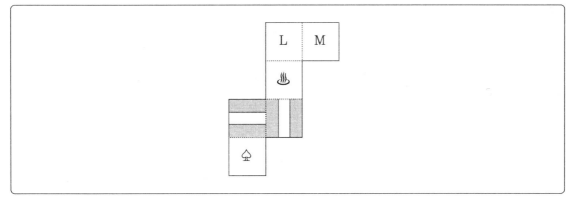

① 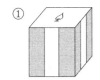   ②   ③   ④

26

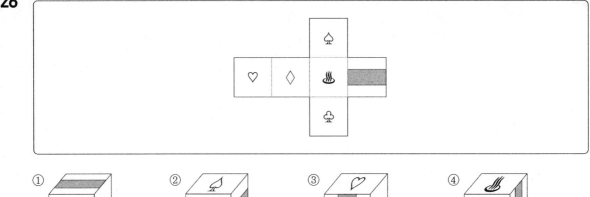

① 　② 　③ 　④

27

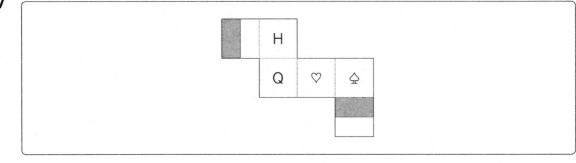

① 　② 　③ 　④

28

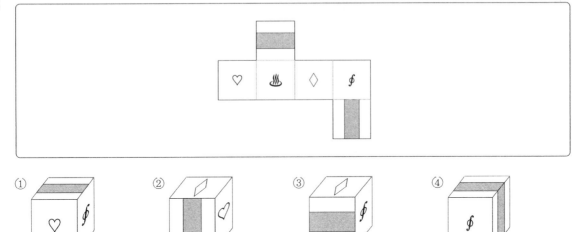

29

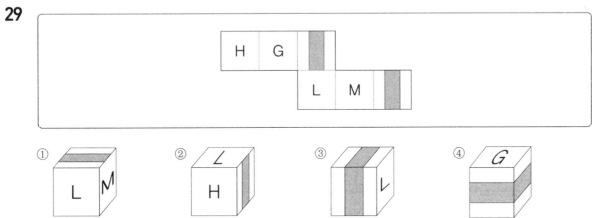

30

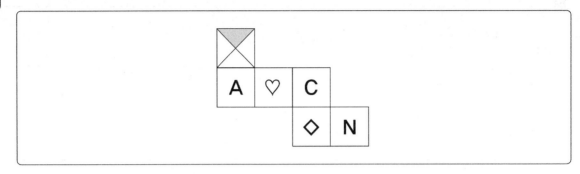

① 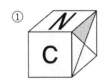　② 　③ 　④

31

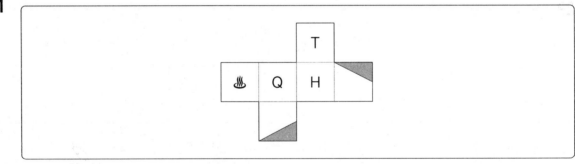

① 　② 　③ 　④

32

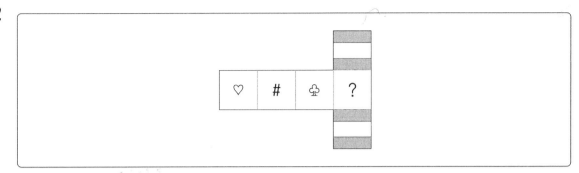

① 　② 　③ 　④

33

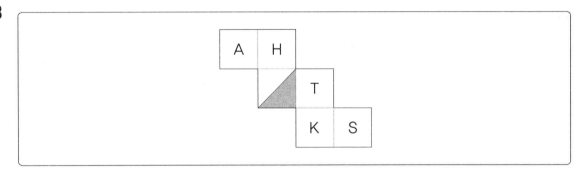

① 　② 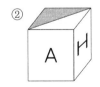　③ 　④

34

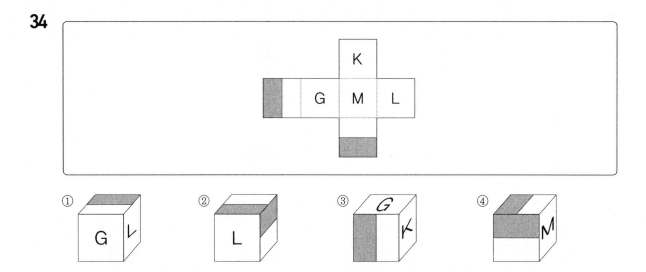

① ② ③ ④

35

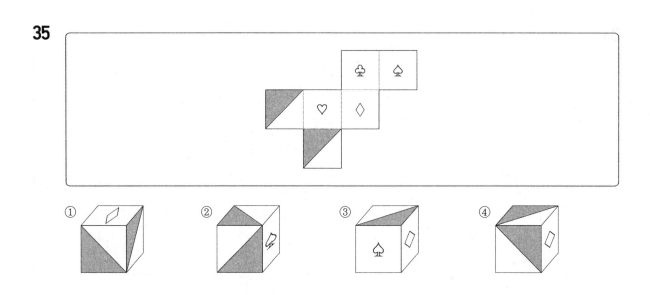

① ② ③ ④

36

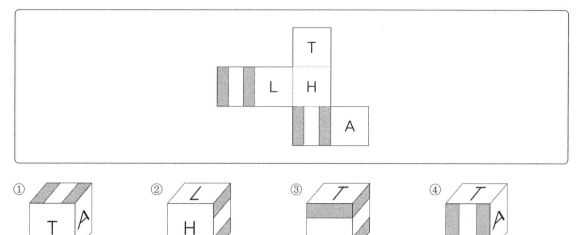

37

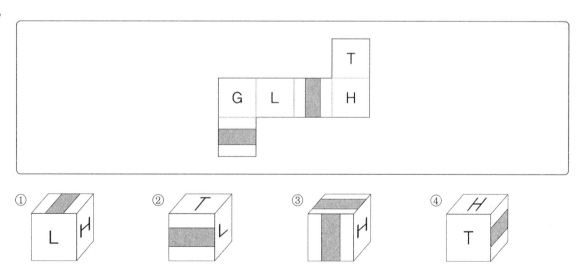

38

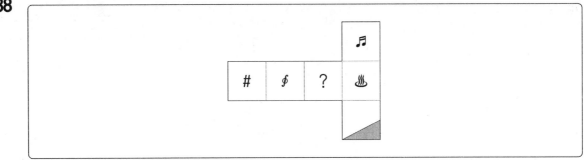

①
②
③
④

39

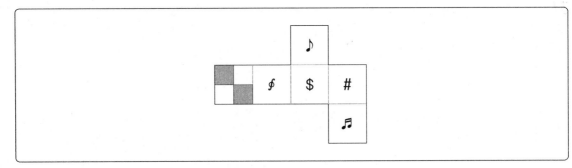

①
②
③
④

40

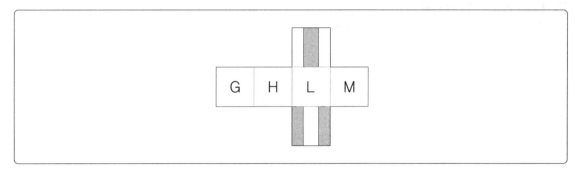

① 　② 　③ 　④

Q 【41~55】 다음 제시된 그림과 같이 쌓기 위해 필요한 블록의 수를 고르시오.
　　　　(단, 블록은 모양과 크기는 모두 동일한 정육면체이다.)

41

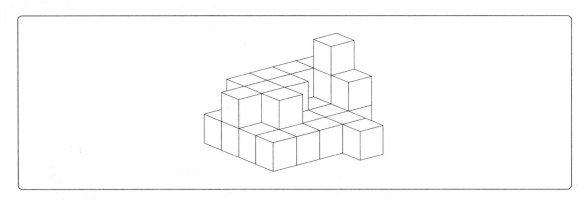

① 30　　　　　　　　　　　　　② 31

③ 32　　　　　　　　　　　　　④ 33

42

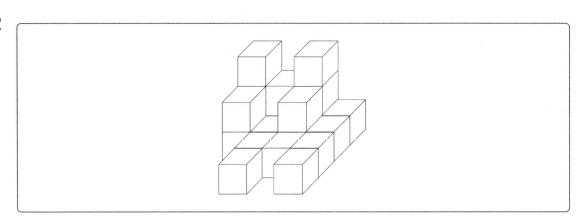

① 20　　　　　　　　　　　　　② 21

③ 22　　　　　　　　　　　　　④ 23

43

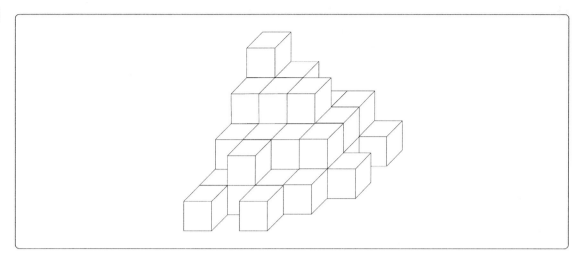

① 37

② 38

③ 39

④ 40

44

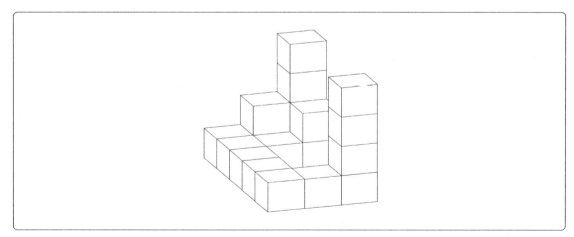

① 19

② 20

③ 21

④ 22

45

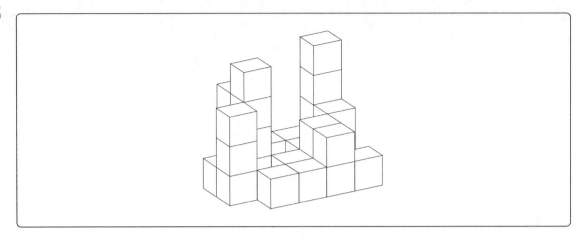

① 26   ② 28

③ 30   ④ 32

46

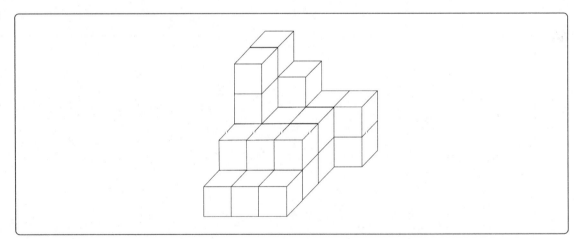

① 26   ② 28

③ 30   ④ 32

47

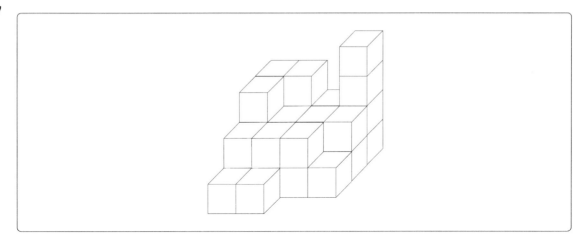

① 26
② 28
③ 30
④ 32

48

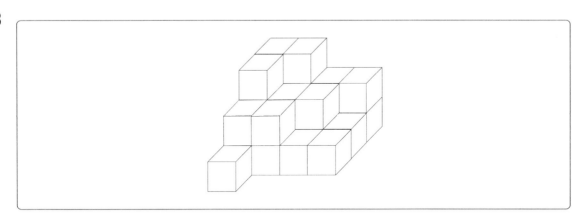

① 22
② 23
③ 24
④ 25

49

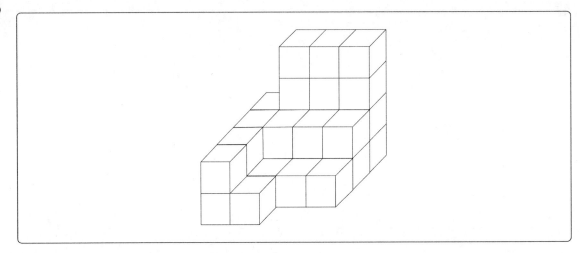

① 30

② 31

③ 32

④ 33

50

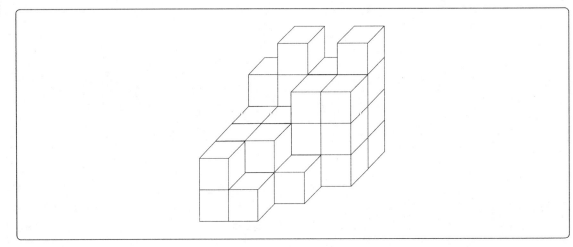

① 30

② 32

③ 34

④ 36

51

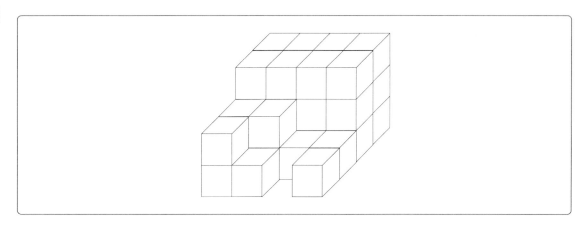

① 30   ② 32

③ 34   ④ 36

52

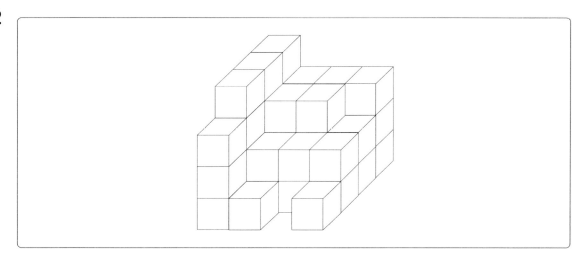

① 34   ② 36

③ 38   ④ 40

53

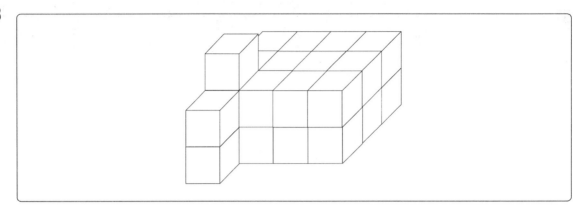

① 27

② 29

③ 31

④ 33

54

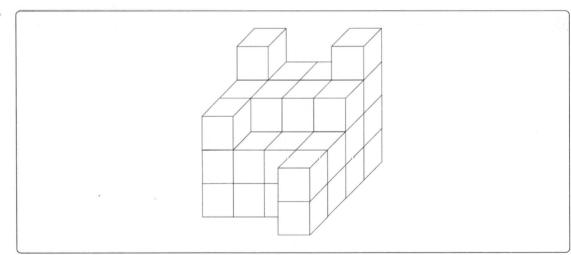

① 35

② 37

③ 39

④ 41

55

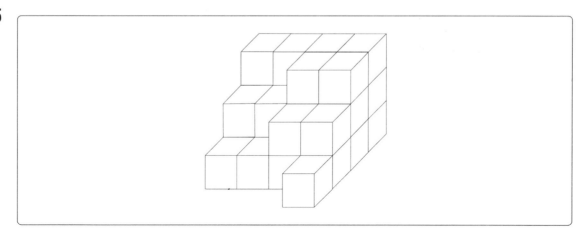

① 25   ② 27

③ 29   ④ 31

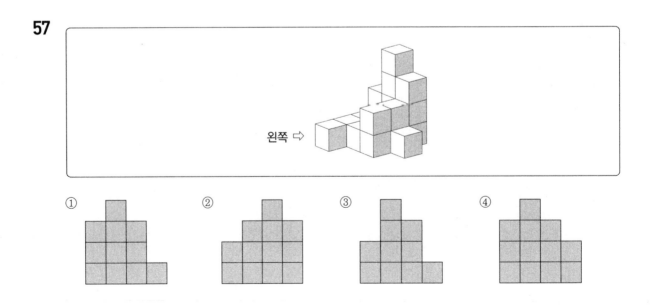

Q 【56~70】아래에 제시된 블록들을 화살표 표시한 방향에서 바라봤을 때의 모양으로 알맞은 것을 고르시오. (단, 블록은 모양과 크기가 모두 동일한 정육면체이고, 바라보는 시선의 방향은 블록의 면과 수직을 이루며 원근에 의해 블록이 작게 보이는 현상은 고려하지 않는다)

56

⇦ 오른쪽

① ② ③ ④

57

왼쪽 ⇨

① ② ③ ④

58

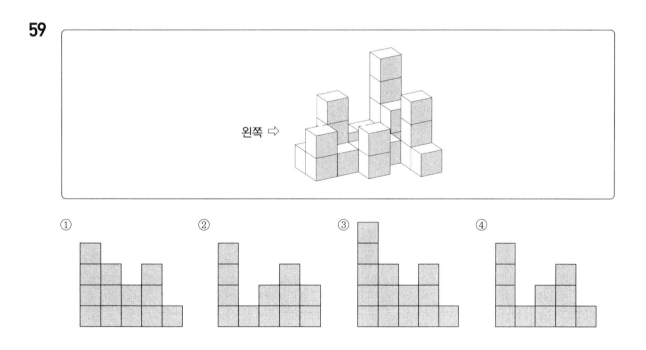

① ② ③ ④

59

왼쪽 ⇨

① ② ③ ④

60

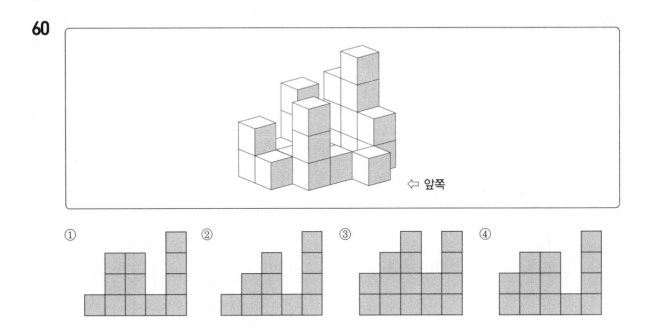

61

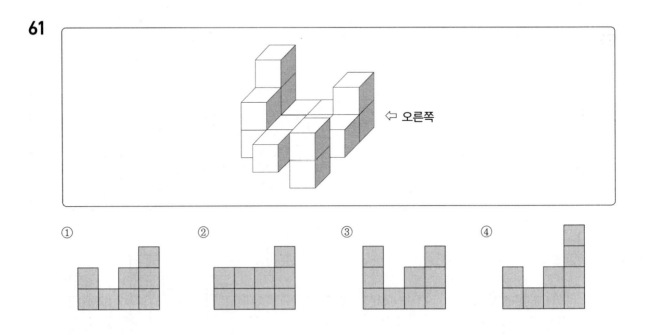

62

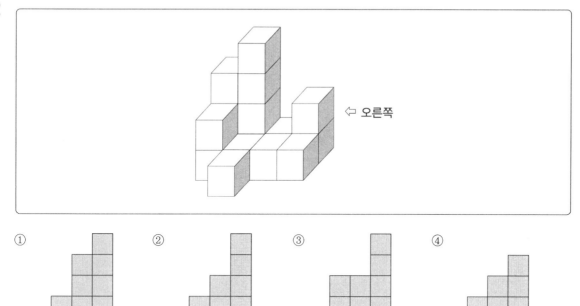

⇦ 오른쪽

① ② ③ ④

63

왼쪽 ⇨

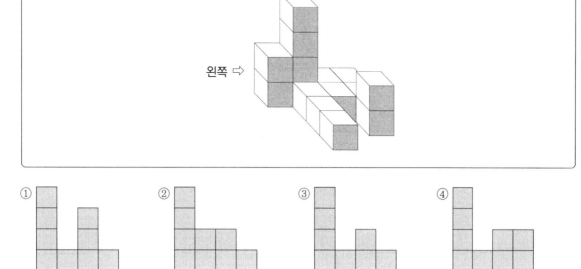

① ② ③ ④

64

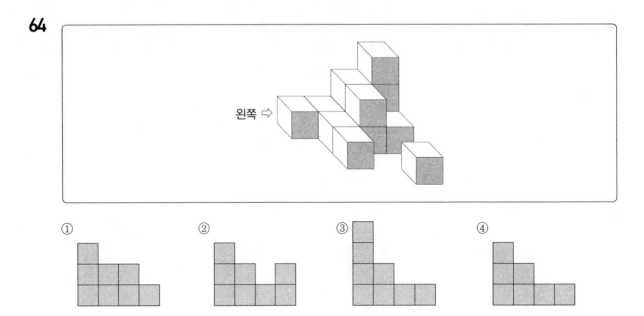

65

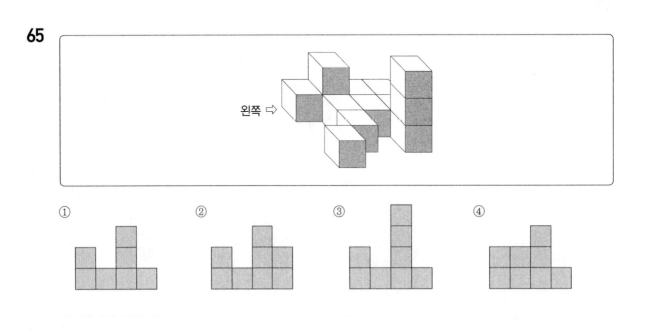

66

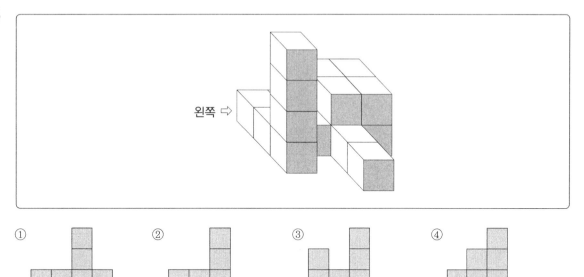

왼쪽 ⇨

① ② ③ ④

67

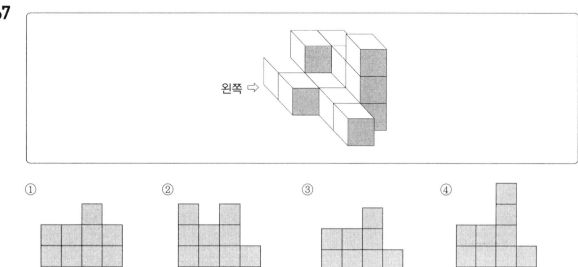

왼쪽 ⇨

① ② ③ ④

68

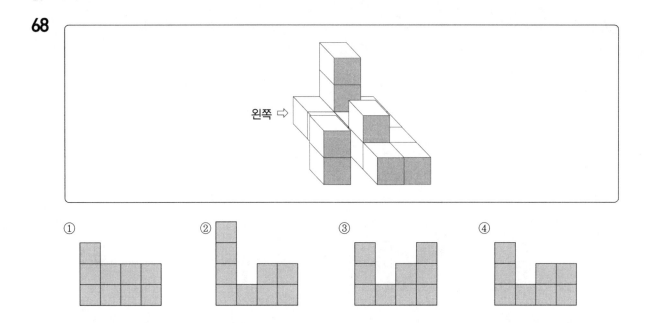

69

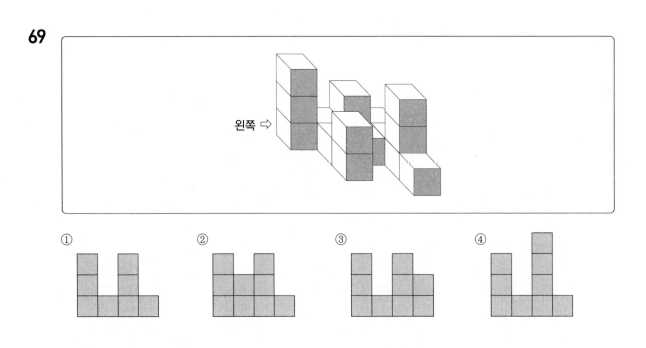

70

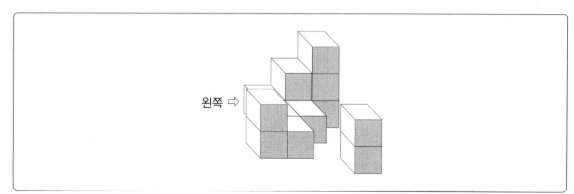

왼쪽 ⇨

①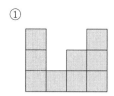

②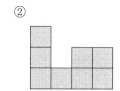

③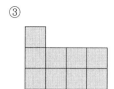

④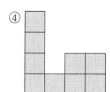

02 지각속도

≫ 정답 및 해설 p.271

❓ 【01~03】 제시된 기호, 문자의 대응을 참고하여 각각 문제의 대응이 같으면 '① 맞음'을, 틀리면 '② 틀림'을 선택하시오.

@ = ㄱ	$ = ㅗ	◉ = ㅅ	♨ = ㅚ	♡ = ㅌ
Σ = ㅎ	B = ㅓ	∀ = ㄹ	G = ㅏ	♫ = ㅠ

01

ㅅㅠㅏㅎㅗㄹ - ◉♫GΣ$@

① 맞음   ② 틀림

02

ㄱㅏㅅㅚㄹㅠ - @G◉♨♡♫

① 맞음   ② 틀림

03

ㅎㅗㅅㄹㅚㅌ - Σ$◉∀♨♡

① 맞음   ② 틀림

Ⓠ 【04~06】 제시된 기호, 문자의 대응을 참고하여 각각 문제의 대응이 같으면 '① 맞음'을, 틀리면 '②
틀림'을 선택하시오.

# = ㅂ	W = ㅒ	★ = ㅠ	T = ㅝ	≪ = ㄹ
¥ = ㅁ	Z = ㅍ	B = ㅒ	∬ = ㄱ	Q = ㅎ

04

ㅂ ㅒ ㅎ ㅝ ㄹ - # Z Q ¥ ≪

① 맞음   ② 틀림

05

ㅁ ㅝ ㅍ ㄱ ㄹ - ¥ T Z ∬ ≪

① 맞음   ② 틀림

06

ㄹ ㅒ ㅠ ㅁ ㅎ - ≪ W ★ ¥ Q

① 맞음   ② 틀림

Q 【07~09】 제시된 기호, 문자의 대응을 참고하여 각각 문제의 대응이 같으면 '① 맞음'을, 틀리면 '② 틀림'을 선택하시오.

G = 떼	9 = 뚜	X = 띠	0 = 떠	£ = 따
P = 며	ㅊ = 묜	A = 몌	% = 밈	】= 매
√ = 파	V = 펼	∋ = 픔	3 = 풋	∝ = 픽

07

> 떼 묜 떠 풋 파 - G ㅊ 0 3 √

① 맞음   ② 틀림

08

> 매 뚜 펼 따 며 - 】9 ∝ £ P

① 맞음   ② 틀림

09

> 픽 몌 띠 밈 픔 - ∝ 】X % √

① 맞음   ② 틀림

Q 【10~12】 제시된 기호, 문자, 숫자의 대응을 참고하여 각 문제의 대응이 같으면 '① 맞음'을, 틀리면 '② 틀림'을 선택하시오.

& = ㅇ	b = ㄷ	* = ㅐ	d = ㅛ	e = ㅓ
1 = ㄹ	2 = ㅁ	3 = ㅠ	4 = ㅅ	% = ㅣ

10

ㅇ ㄷ ㅠ ㅅ ㅓ － & b 3 4 %

① 맞음   ② 틀림

11

ㄹ ㅐ ㅅ ㅣ ㄷ － 1 * 4 3 b

① 맞음   ② 틀림

12

ㅠ ㅛ ㄹ ㄷ ㅣ － 3 d 1 b %

① 맞음   ② 틀림

❶ 【13~15】 제시된 기호, 문자, 숫자의 대응을 참고하여 각 문제의 대응이 같으면 '① 맞음'을, 틀리면 '② 틀림'을 선택하시오.

※ = 댁	V = 댄	⇨ = 댈	d = 댈	e = 댐
8 = 밥	Ⅲ = 밧	3 = 방	∩ = 밫	4 = 밫

13

댁 방 밫 밥 댐 - ※ 3 ∩ 8 Ⅲ

① 맞음　　　　　　　　　　② 틀림

14

밫 밧 방 댈 댈 - ∩ Ⅲ 3 ⇨ d

① 맞음　　　　　　　　　　② 틀림

15

밥 댁 밫 댐 밧 - 8 ※ ∩ d 3

① 맞음　　　　　　　　　　② 틀림

Q 【16~20】 제시된 기호, 문자, 숫자의 대응을 참고하여 각 문제의 대응이 같으면 '① 맞음'을, 틀리면 '② 틀림'을 선택하시오.

5 = 또	b = 뚜	Ø = 따	h = 띠	4 = 뜌
ɘ = 치	ß = 츄	p = 챠	2 = 체	η = 차
c = 개	8 = 갸	Ŧ = 규	λ = 게	k = 겨

16

뚜 따 갸 차 개 – b h k η c

① 맞음   ② 틀림

17

치 띠 게 체 또 – ɘ h λ 2 5

① 맞음   ② 틀림

18

규 츄 치 뜌 규 – Ŧ ß ɘ b λ

① 맞음   ② 틀림

Q 【19~21】 제시된 기호, 문자, 숫자의 대응을 참고하여 각 문제의 대응이 같으면 '① 맞음'을, 틀리면 '② 틀림'을 선택하시오.

☧=안	◇=얀	⑅=연	#=언	⅏=인
⋎=넝	⋏=녕	☧=닝	≯=낭	Φ=넁
▸=허	⁑=햐	ℙ=하	‼=세	₤=새
F=오	đ=요	₵=으	=우	ℳ=아

19

안 녕 하 세 요 – ☧ ⋎ ℙ ₤ đ

① 맞음   ② 틀림

20

아 햐 넝 인 오 – ℳ ⁑ ⋎ ⅏ F

① 맞음   ② 틀림

21

새 우 으 언 얀 – ₤ ₵ ⑅ ☧

① 맞음   ② 틀림

【22~24】 제시된 기호, 문자, 숫자의 대응을 참고하여 각각 문제의 대응이 같으면 '① 맞음'을, 틀리면 '② 틀림'을 선택하시오.

ㄷ = 뮬	ㅜ = 먈	∮ = 멸	¶ = 멜	3 = 밀
2 = 셥	∀ = 숩	ㄱ = 샵	8 = 셉	☎ = 솝
ㄹ = 탫	ㅎ = 텱	± = 퉆	4 = 퉡	0 = 탒

22

먈 퉆 멸 탒 셉 − ㅜ ± ∮ 4 8

① 맞음   ② 틀림

23

솝 탒 숩 뮬 텱 − ☎ 0 ∀ ㄷ ㄹ

① 맞음   ② 틀림

24

퉆 퉡 솝 멜 셥 − ± 4 ☎ ¶ 8

① 맞음   ② 틀림

Q 【25～30】 제시된 기호, 문자, 숫자의 대응을 참고하여 각 문제의 대응이 같으면 '① 맞음'을, 틀리면 '② 틀림'을 선택하시오.

1 = 챔	ㅠ = 챕	₦ = 챘	ㅑ = 챌	3 = 챓
ㅓ = 틂	$ = 틃	2 = 틌	£ = 틄	ㅓ = 틅
5 = 컀	₱ = 컄	ㅜ = 켬	8 = 켷	ㅣ = 켯

25

켷 챓 틌 틃 컀 − 8 3 2 ㅠ 5

① 맞음   ② 틀림

26

틄 켬 컄 챘 틅 − $ ㅜ ₱ ₦ ㅓ

① 맞음   ② 틀림

27

틂 틌 챌 켷 켯 − ㅓ 2 ㅑ $ ㅣ

① 맞음   ② 틀림

28

> 튫 챓 컱 컝 튫 – £ ㅑ 5 8 ㅓ

① 맞음   ② 틀림

29

> 챓 튫 컲 컷 챀 – 3 ㅓ ₽ ㅣ ㅜ

① 맞음   ② 틀림

30

> 겸 컷 겶 컶 컝 – ㅜ ㅣ ₽ 5 8

① 맞음   ② 틀림

31

몂	붉몂갔볐돫몊쉬볎삵맔뭄몂쉼렀

① 0개 　　　　　　　　　　　② 1개
③ 2개 　　　　　　　　　　　④ 3개

32

*	#(*&^%*#&^@#$!-=!#

① 0개 　　　　　　　　　　　② 1개
③ 2개 　　　　　　　　　　　④ 3개

33

⊡	⊞⊡⊞⊡⊞⊡⊞⊡·⊡·⊡

① 0개 　　　　　　　　　　　② 1개
③ 2개 　　　　　　　　　　　④ 3개

34

| 9 | 3458235873298575 |

① 0개   ② 1개
③ 2개   ④ 3개

35

| 솔 | 세호리치슬러솔티습미가솔무솔러키 |

① 0개   ② 1개
③ 2개   ④ 3개

36

| ^ | %#@&!&@*%#^!@$^~+@/ |

① 1개   ② 2개
③ 3개   ④ 4개

37

⊡	⊡⊡⊡⊡⊡⊡⊡⊡⊡⊡⊡

① 1개 ② 2개
③ 3개 ④ 0개

38

♪	⨎♪♯♪♫♬♪ ♩♪♫♩♪♪♫

① 0개 ② 1개
③ 2개 ④ 3개

39

ㅌ	the뭉크韓中日rock셔틀bus피카소%3986as5$2

① 1개 ② 2개
③ 3개 ④ 4개

40

저	가가사차자가자아마아차바

① 1개   ② 2개
③ 3개   ④ 0개

41

$\underline{x^2}$	$x^3\,x^2\,z^7\,x^3\,z^6\,z^5\,x^4\,x^2\,x^9\,z^2\,z^1$

① 1개   ② 2개
③ 3개   ④ 4개

42

ㄹ	두 쪽으로 깨뜨려져도 소리하지 않는 바위가 되리라.

① 2개   ② 3개
③ 4개   ④ 5개

43

ㄹ	영변에 약산 진달래꽃 아름 따다 가실 길에 뿌리우리다.

① 5개　　　　　　　　　　　② 6개
③ 7개　　　　　　　　　　　④ 8개

44

2	1005947862894862498249231 4867

① 2개　　　　　　　　　　　② 4개
③ 6개　　　　　　　　　　　④ 8개

45

東	一三車軍東海善美參三社會東

① 1개　　　　　　　　　　　② 2개
③ 3개　　　　　　　　　　　④ 4개

46

| 솔 | 골돌몰볼톨홀솔돌촐롤졸콜홀볼골 |

① 1개　　　　　　　　　　　② 2개
③ 3개　　　　　　　　　　　④ 4개

47

| ⊥ | 군사기밀 보호조치를 하지 아니한 경우 2년 이하 징역 |

① 3개　　　　　　　　　　　② 5개
③ 7개　　　　　　　　　　　④ 9개

48

| 스 | 누미디아타가스테아우구스티투스생토귀스탱 |

① 1개　　　　　　　　　　　② 2개
③ 3개　　　　　　　　　　　④ 4개

49

<u>m</u>   Ich liebe dich so wie du mich am abend

① 1개   ② 2개
③ 3개   ④ 4개

50

<u>9</u>   95174628534319876519684

① 1개   ② 2개
③ 3개   ④ 4개

51

<u>■</u>   ☆★○●◎◇◆□■△▲▽▼

① 1개   ② 2개
③ 3개   ④ 4개

52

<u>↘</u>	↙↖↗↘↙↘↕↑→←↓↔↓↔

① 1개　　② 2개
③ 3개　　④ 4개

53

<u>끤</u>	끤꼽낟납껎꿈꿋꿁끝꿩끤껎

① 1개　　② 2개
③ 3개　　④ 4개

54

<u>ᛊ</u>	ᛗᛘᛩᛊᛉᚾᛒᛦᛯᛡᛰᚱᛏᛘᛩᛉᚾ

① 1개　　② 2개
③ 3개　　④ 4개

55

ㄴ용	ㄲㄸㅈ햐래러ㄱ배쯩향햐래래ㄱ

① 1개   ② 2개
③ 3개   ④ 4개

56

ㅓ	ㅏㅐㄲㅔㅣㅛㅋㅔㅜㅒㅖㅓㅗㅑ

① 0개   ② 1개
③ 2개   ④ 3개

57

#	♡#Ν℘ω⊥Ｉㅓα#Ν℘⊥Ｉㅓ

① 1개   ② 2개
③ 3개   ④ 4개

58

シ	シゴテシオセゾシペヘデダ

① 1개　　　　　　　　　　② 2개
③ 3개　　　　　　　　　　④ 4개

59

ㅂ	∪∩Ω∪Ж∪ЖшшΩш

① 0개　　　　　　　　　　② 1개
③ 2개　　　　　　　　　　④ 3개

Q 【60~61】 다음 짝지은 문자나 기호 중에서 서로 다른 것을 고르시오.

60　① 창원두루봉동굴 − 창원두루봉동굴
② Veritasluxmea − Veritacluxmea
③ ⠿⠿⠿⠿⠿⠿⠿⠿ − ⠿⠿⠿⠿⠿⠿⠿⠿
④ 與隋將于仲文詩 − 與隋將于仲文詩

61 ① 시험예정일로부터 역산하여 3년이 되는 해 – 시험예정일로부터 역산하여 3년이 되는 해
② 사전등록일 기준 유효기간 만료 전 – 사전등록일 기준 유효기간 만로 전
③ 부여된 임무를 수행하기 위한 권한행사 – 부여된 임무를 수행하기 위한 권한행사
④ 지휘관이 계급과 직책에 의해서 행사 – 지휘관이 계급과 직책에 의해서 행사

62 다음 제시된 문장과 다른 것은?

> 공통의 문제에 대해 협력적 의사소통을 통해 최선의 해결책을 찾는 담화

① 공통의 문제에 대해 협력적 의사소통을 통해 최선의 해결책을 찾는 담화
② 공통의 문제에 대해 협력적 의사소통을 통해 최선의 해결책을 찾는 담화
③ 공통의 문제에 대해 협력적 의사소통을 통해 최선의 해결책을 찾는 담화
④ 공통의 문제에 대해 협력적 의사소통을 통해 최선의 해결책을 찾는 담화

63 다음 제시된 문장과 같은 것은?

> 하회별신굿탈놀이

① 하회밸신굿탈놀이
② 하회별신곳탈놀이
③ 하회별신굿달놀이
④ 하회별신굿탈놀이

Q 【64~65】 다음 제시된 문장과 다른 것을 고르시오.

64

> 봉사기관으로서의 선도적 역할을 해야 한다.

① 봉사기관으로서의 선도적 역할을 해야 한다.
② 봉사기관으로서의 선도적 역할을 히야 한다.
③ 봉사기관으로서의 선도적 역할을 해야 한다.
④ 봉사기관으로서의 선도적 역할을 해야 하다.

65

> 목적달성을 위해 조직이 편성되었다가 일이 끝나면 해산하게 되는 일시적인 조직.

① 목적달성을 위해 조직이 편성되었다가 일이 끝나면 해산하게 되는 일시적인 조직.
② 목적달성을 위해 조직이 편성되었다가 일이 끝나면 혜선하게 되는 일시적인 조직.
③ 목적달성을 위해 조직이 편성되었다가 일이 끝나면 해산하게 되는 일시적인 조직.
④ 목적달성을 위해 조직이 편성되었다가 일이 끝나면 해산하게 되는 일시적인 조직.

Q 【66~70】 다음 중 반복되는 개수에 해당하는 문자를 고르시오.

걀	갈	걀	갖	갇	갈
갖	걀	갓	갇	갓	값
갓	간	간	값	갊	걀
갑	갈	갇	강	갈	간
갖	갖	갖	간	각	갑
걀	갖	갈	갓	갖	갈

66

6개

① 갈   ② 강
③ 간   ④ 갖

67

5개

① 갑   ② 갖
③ 갓   ④ 값

68

4개

① 갇   ② 갗
③ 갚   ④ 갖

69

0개

① 걀   ② 갇
③ 갑   ④ 각

70

2개

① 갈   ② 간
③ 강   ④ 갑

Q 【71~75】 다음 제시된 문자열과 같은 것을 고르시오.

71

> 대학수학능력시험모의평가

① 대학수학능력시험모의평가　　　　② 대학수학능력시험모의평가
③ 대학수학능력시험모의평가　　　　④ 대학수학능력시험모의평가

72

> 전산응용건축제도기능사자격증

① 전산응용건축제도기능사쟈격증　　　② 전산응용긴축제도기능사자격증
③ 전산응용건축제도기능사자격증　　　④ 전산응용건축재도기능사자격증

73

> 국가공무원공개경쟁채용시험

① 국가공무원공개경쟁재용시험　　　② 국가공무원공개경쟁채용시험
③ 국가공무원공개경쟁채용시험　　　④ 국가군무원공개경쟁채용시험

74

시험응시자유의사항동영상

① 시험응시자유외사항동영상　　② 시험응시자유의사앙동영상
③ 시험응시자유의사항동엉상　　④ 시험응시자유의사항동영상

75

시험합격여부와성적조회

① 시험합격여부외성적조회　　② 시험합격여부와성적조희
③ 시험합격여부와성적조회　　④ 시험합격여부와성적조회

【76~78】 다음에 제시된 문자를 보고 〈보기〉 중 가장 많이 반복된 문자를 고르시오.

〈보기〉

조장	조짐	조례	조정	조기	조서
조치	조청	조화	조사	조끼	조문
조악	조판	조심	조정	조반	조치
조어	조준	조사	조폐	조건	조식
조청	조장	조간	조치	조명	조건
조정	조악	조사	조판	조문	조화

76 ① 조기   ② 조사
③ 조문   ④ 조간

77 ① 조어   ② 조준
③ 조판   ④ 조폐

78 ① 조짐   ② 조장
③ 조끼   ④ 조정

Q 【79~80】 다음 제시된 문자를 보고 〈보기〉 중 가장 많이 반복된 문자를 고르시오.

〈보기〉

기준	기적	기름	기원	기승	기인
기분	기학	기준	기고	기약	기미
기로	기민	기인	기준	기름	기학
기승	기학	기약	기로	기승	기인
기름	기적	기승	기인	기물	기고
기해	기운	기원	기이	기미	기선

79 ① 기름 ② 기약
③ 기분 ④ 기물

80 ① 기선 ② 기운
③ 기미 ④ 기민

ⓞ③ 언어논리

≫ 정답 및 해설 **p.283**

Q 【01~03】 다음에 제시된 문장의 밑줄 친 부분의 의미가 나머지와 가장 다른 것을 고르시오.

01 ① 초행길이라 길을 <u>물어</u> 찾아갔다.
② 이해가 안 된 부분을 선생님께 다시 <u>물어</u> 보았다.
③ 제품의 사용방법을 <u>물었다</u>.
④ 팔의 안쪽을 벌레가 <u>물었다</u>.
⑤ 전문가에게 대책을 <u>물어</u> 보았다.

02 ① 시계를 손목에 <u>찼나</u>.
② 머리에 칼을 <u>차고</u> 갔다.
③ 그는 손목에 수갑이 <u>채워진</u> 채 잡혀갔다.
④ 그가 <u>찬</u> 공이 멀리 날아갔다.
⑤ 개를 데리고 나갈 땐 목줄을 <u>채워야</u> 한다.

03 ① 그가 <u>쓴</u> 글은 감동적이다.
② 요구사항을 <u>써서</u> 제출해 주세요.
③ 새 모자를 머리에 <u>썼다</u>.
④ 많은 생각을 글로 <u>써내려갔다</u>.
⑤ 붓글씨 연습을 위해 화선지에 한자를 <u>썼다</u>.

04 다음 설명에 해당하는 단어는?

> 긴장이나 화가 풀려 마음이 가라앉다

① 삭다

② 곰삭다

③ 소화하다

④ 일다

⑤ 부풀다

05 다음 밑줄 친 부분과 의미가 가장 가까운 것은?

> 햇빛 아래에서 빨래를 바짝 <u>말린다</u>.

① 친구들이 싸움을 <u>말렸다</u>.
② 바닷가 근처에서 <u>말려</u> 놓은 오징어가 보인다.
③ 불에 넣은 종이가 <u>말리면서</u> 태워진다.
④ 의사가 과격한 운동을 하는 것을 <u>말렸다</u>.
⑤ 사기꾼의 술수에 <u>말려서</u> 잘못된 투자를 했다.

06 다음 밑줄 친 부분과 문맥적 의미가 가장 가까운 것은?

> 그는 비가 쏟아지는 데도 운동을 가<u>겠</u>다고 했다.

① 네가 올 때쯤엔 영화가 끝나있<u>겠</u>지.
② 합주단의 공연이 있<u>겠</u>습니다.
③ 마지막엔 내가 먹<u>겠</u>어.
④ 네가 해주면 고맙<u>겠</u>어.
⑤ 했어도 벌써 했<u>겠</u>다.

Q 【07~08】 다음 문장의 괄호 안에 들어갈 알맞은 단어를 고르시오.

07

> 책의 양 자체가 많지 않았기 때문에 책을 (   )하는 집중형 독서가 보편적이었다.

① 속독(速讀)   ② 음독(音讀)
③ 훈독(訓讀)   ④ 습독(習讀)
⑤ 정독(精讀)

08

> 나는 (   ) 이모의 허리서부터 팔다리를 주물렀다.

① 곰살궂게   ② 우질부질하게
③ 숫접게   ④ 터분하게
⑤ 꿉꿉하게

09 다음 내용에 어울리는 한자성어로 가장 적절한 것은?

> 자공 : "자장과 자하 중에 누가 더 낫습니까?"
> 공자 : "자장은 지나치고, 자하는 미치지 못한다."
> 자공 : "자장이 낫다는 말씀이십니까?"
> 공자 : "지나침은 미치지 못한 것과 같다."

① 역지사지(易地思之)   ② 교언영색(巧言令色)
③ 필부지용(匹夫之勇)   ④ 호시탐탐(虎視眈眈)
⑤ 과유불급(過猶不及)

10 다음 문장의 괄호 안에 들어갈 알맞은 단어는?

> 비극의 주인공으로는 (   ) 주변 인간들보다 고귀하고 비범한 인물을 등장시킨다.

① 신비로운　　　　　　　　② 기묘한
③ 일상적인　　　　　　　　④ 특출난
⑤ 비상한

11 다음 밑줄 친 어휘가 옳지 않은 것은?

① 과녁을 <u>맞히기는</u> 어려웠다.
② 엄마는 설움에 <u>바쳐</u> 울음을 터뜨렸다.
③ 그는 도박으로 재산을 몽땅 <u>털어먹었다</u>.
④ 그들을 서로 빚진 것을 <u>비겨버렸다</u>.
⑤ 그녀는 자꾸 흘러내리는 가방끈을 <u>추켜올리며</u> 걸었다.

12 다음 글에서 밑줄 친 단어와 같은 의미로 쓰인 것은?

> 거미줄에 <u>감긴</u> 채 버둥거렸다.

① 풀린 테이프를 다시 <u>감았다</u>.
② 갑자기 쏟아진 비 때문에 머리를 다시 <u>감아야</u> 했다.
③ 불어오는 산들바람을 눈을 <u>감고</u> 음미했다.
④ 그는 여전히 눈을 <u>감은</u> 채 달려 나갔다.
⑤ 단오에는 창포물에 머리를 <u>감던</u> 풍습이 있었다.

13 다음 지문에 대한 내용으로 옳지 않은 것은?

> 글의 기본 단위가 문장이라면 구어를 통한 의사소통의 기본 단위는 발화이다. 담화에서 화자는 발화를 통해 '명령', '요청', '질문', '제안', '약속', '경고', '축하', '위로', '협박' 등의 의도를 전달한다. 이때 화자의 의도가 직접적으로 표현된 발화는 직접 발화, 암시적으로 혹은 간접적으로 표현된 발화를 간접 발화라고 한다.
>
> 일상 대화에서도 간접 발화는 많이 사용되는데, 그 의미는 맥락에 의존하여 파악된다. '아, 덥다.' 라는 발화가 '창문을 열어라.' 라는 의미로 파악되는 것이 대표적인 예이다. 방 안이 시원하지 않다는 상황을 고려하여 청자는 창문을 열게 되는 것이다. 이처럼 화자는 상대방이 충분히 그 의미를 파악할 수 있다고 판단될 때 간접 발화를 전략적으로 사용함으로써 의사소통을 원활하게 하기도 한다.
>
> 공손하게 표현하고자 할 때도 간접 발화는 유용하다. 남에게 무언가를 요구하려는 경우 직접 발화보다 청유 형식이나 의문 형식의 간접 발화를 사용하면 공손함이 잘 드러나기도 한다.

① 발화는 구어를 통한 의사소통의 기본 단위이다.
② 발화는 직접 발화와 간접 발화로 나눠진다.
③ 간접 발화의 의미는 언어 사용 맥락에 기대어 파악된다.
④ 간접 발화가 직접 발화보다 화자의 의도를 더 잘 전달한다.
⑤ 요청할 때 청유문이나 의문문을 사용하면 더 공손해 보이기도 한다.

14 다음 시조에 드러난 화자의 정서와 가장 가까운 것은?

> 흥망(興亡)이 유수(有數)ᄒ니 만월대(滿月臺)도 추초(秋草) ㅣ 로다.
> 오백 년(五百年) 왕업(王業)이 목적(牧笛)에 부쳐시니
> 석양(夕陽)에 지나는 객(客)이 눈물계워 ᄒ노라.

① 오매불망(寤寐不忘)　　② 수어지교(水魚之交)
③ 각주구검(刻舟求劍)　　④ 서리지탄(黍離之嘆)
⑤ 비육지탄(髀肉之嘆)

15 다음 문장 중 어법에 맞고 자연스러운 것은?

① 그 일은 하루 이틀의 수고로 이루어지는 것이 아니다.

② 중요한 것은 오랜만에 만나는 그녀가 너무도 많이 변해 있었다.

③ 동생은 무엇보다 야구를 좋아했고 나의 취미는 축구였다.

④ 열차가 서서히 도착하고 있었다.

⑤ 고양이의 사냥감에 대한 관심은 본능에 가깝다.

16 다음 속담과 공통적으로 뜻이 통하는 성어는?

> • 가는 말이 고와야 오는 말이 곱다.
> • 낮말은 새가 듣고 밤말은 쥐가 듣는다.
> • 발 없는 말이 천리 간다.

① 언어도단(言語道斷)

② 구화지문(口禍之門)

③ 일언지하(一言之下)

④ 유구무언(有口無言)

⑤ 침소봉대(針小棒大)

17 다음 지문에 대한 내용으로 옳지 않은 것은?

> 잎으로 곤충 따위의 작은 동물을 잡아서 소화 흡수하여 양분을 취하는 식물을 통틀어 식충 식물이라 한다. 대표적인 식충 식물로는 파리지옥이 있다.
>
> 주로 북아메리카에서 번식하는 파리지옥은 축축하고 이끼가 낀 곳에서 곤충을 잡아먹으며 사는 여러해살이 식물이다. 중심선에 경첩 모양으로 달린 두 개의 잎 가장자리에는 가시 같은 톱니가 나 있다. 두 개의 잎에는 각각 세 개씩의 긴 털, 곧 감각모가 있다. 이 감각모에 파리 따위가 닿으면 양쪽으로 벌어져 있던 잎이 순식간에 서로 포개지면서 닫힌다. 낮에 파리 같은 먹이가 파리지옥의 이파리에 앉으면 0.1초 만에 닫힌다. 약 10일 동안 곤충을 소화하고 나면 잎이 다시 열린다.
>
> 파리지옥의 잎 표면에 있는 샘에서 곤충을 소화하는 붉은 수액이 분비되므로 잎 전체가 마치 붉은색의 꽃처럼 보인다. 파리지옥의 잎이 파리가 앉자마자 0.1초 만에 닫힐 수 있는 것은, 감각모가 받는 물리적 자극에 의해 수액이 한꺼번에 몰리면서 잎의 모양이 바뀌기 때문이라고 알려졌다.

① 식충식물은 잎으로 작은 곤충을 섭취하는 식물이다.
② 파리지옥은 감각모를 이용해 곤충을 감지한다.
③ 파리지옥은 잎에 달린 가시 같은 톱니로 저작운동을 한다.
④ 파리지옥이 곤충을 소화시킬 동안은 잎이 닫혀있다.
⑤ 파리지옥이 붉은색의 꽃처럼 보이는 것은 잎의 표면에서 분비되는 붉은 수액 때문이다.

18 다음 글의 주제와 가장 가까운 것은?

> 말을 하고 글을 쓰는 표현 행위는 사고 활동과 분리해서 생각할 수 없다. 창의적이고 생산적인 활동에는 당연히 사고 작용이 따르기 때문이다. 역으로, 말을 하거나 글을 쓰고 난 이후에 그 과정을 되돌아보면서 새로운 생각을 하거나 발전된 생각을 얻기도 한다. 또한 청자나 독자의 반응을 통해 자신의 생각을 바꾸거나 확신을 가지기도 한다. 이처럼 사고와 표현 활동은 지속적으로 상호 작용을 하게 된다.
>
> 사고와 표현 활동은 상호 작용을 하면서 각각의 능력을 상승시킨다는 점을 적극적으로 고려할 필요가 있다. 머릿속에서 이루어진 사고 활동의 내용을 구체적으로 말이나 글로 표현해 보면 부족하거나 개선할 점들을 찾을 수 있게 되고 이후에 좀 더 조직적으로 사고하는 습관도 생긴다. 한편 표현 활동을 하다 보면 어휘 선택, 내용 조직 등의 과정에서 어려움을 느끼게 된다. 이러한 어려움을 해결하기 위해 그에 대해 논리적이고 체계적으로 생각해 보게 되고 이를 통해 표현 능력이 향상된다. 이렇게 사고력과 표현력은 상호 협력의 밀접한 연관을 맺고 있다.
>
> 흔히 좋은 글을 쓰기 위한 조건으로 '다독(多讀), 다작(多作), 다상량(多商量)'을 들기도 하는데, 많이 읽고, 많이 써 보고, 많이 생각하다 보면 좋은 글을 쓸 수 있다는 뜻이다. 여기에서 '다상량'은 충분한 사고 활동을 의미한다. 이는 물론 말하기에도 적용되는 것으로 표현 활동과 사고 활동의 관련성을 잘 말해 주고 있다.

① 조직적인 사고를 위해서는 표현을 해야 한다.
② 사고 활동과 표현 활동은 상호 협력적인 관계를 맺고 있다.
③ 좋은 글을 쓰는 방법은 여러 가지가 있다.
④ 글을 쓸 때에는 독자의 반응을 반영하는 것이 중요하다.
⑤ 많이 써봐야 좋은 글을 쓸 수 있다.

19 다음 지문의 내용으로 옳지 않은 것은?

> 옛 학자는 반드시 스승이 있었으니, 스승이라 하는 것은 도(道)를 전하고 학업(學業)을 주고 의혹을 풀어 주기 위한 것이다. 사람이 나면서부터 아는 것이 아닐진대 누가 능히 의혹이 없을 수 있으리오. 의혹하면서 스승을 따르지 않는다면 그 의혹된 것은 끝내 풀리지 않는다. 나보다 먼저 나서 그 도(道)를 듣기를 진실로 나보다 먼저라면 내 좇아서 이를 스승으로 할 것이요, 나보다 뒤에 났다 하더라도 그 도(道)를 듣기를 또한 나보다 먼저라고 하면 내 좇아서 이를 스승으로 할 것이다. 나는 도(道)를 스승으로 하거니, 어찌 그 나이의 나보다 먼저 나고 뒤에 남을 개의(介意)하랴! 이렇기 때문에 귀한 것도 없고 천한 것도 없으며, 나이 많은 것도 없고 적은 것도 없는 것이요, 도(道)가 있는 곳이 스승이 있는 곳이다.

① 스승이라 함은 본디 도를 전하고 의혹을 풀어주기 위한 것이다.
② 사람은 모두 의혹을 가지고 있다.
③ 나보다 먼저 난 사람만이 스승이 될 수 있다.
④ 나의 의혹을 풀어주는 사람이 바로 스승이다.
⑤ 귀천도 중요치 않고 도가 있는 곳이 스승이 있는 곳이다.

20 다음 글의 앞에 올 내용으로 적절할 것은?

> 그러나 과거와는 달리 최근 들어 한국 선수들이 세계 대회에서 좋은 성적을 내고 있다. 큰 체격의 서양 선수들이 유리한 수영 부문에서 세계 우승자가 나오더니, 동계 올림픽에서는 서양 선수들이 독점해 온 스피드 스케이팅에서 한국 남녀가 동반 우승을 하는 이변이 발생했다.

① 세계 대회의 종류
② 과거 한국 선수들의 세계 대회 성적
③ 세계 대회의 취지
④ 스피드 스케이팅의 기원
⑤ 수영과 스피드 스케이팅의 훈련 환경의 변화

21 다음 지문의 내용과 어울리는 사자성어는?

우리나라의 기술로 만든 한국형 발사체 '누리'는 높이 47.2m, 직경 3.5m, 총중량 200톤, 추력(1단) 300톤에 해당한다. 누리호 1차 발사에서 1단, 페어링, 2단 분리가 정상으로 되었으나 3단 엔진이 연소되면서 조기에 종료되면서 궤도 진입에 실패하였다. 누리호 1차 발사에 실패에 굴하지 않고 다시 2차 발사를 준비하였다. 성능검증위성을 탑재하고 산화제 탱크부 구조를 강화하는 등의 1차 발사에 부족했던 부분을 보완조치를 하였고 마침내 2차 발사에서 궤도 진입에 성공하였다. 실패에 굴하지 않고 노력하여 한국에서 독자 개발한 우주발사체의 발사가 결국 성공하면서 세계에서 7번째로 자력으로 위성 발사국으로 우뚝 서게 되었다.

① 사상누각(沙上樓閣)　　　　　　　② 초근목피(草根木皮)

③ 만시지탄(晚時之歎)　　　　　　　④ 구밀복검(口蜜腹劍)

⑤ 권토중래(捲土重來)

22 다음 조건과 같을 때, 항상 옳은 것을 고르면?

- 단 것을 먹으면 집중이 잘 된다.
- 집중을 하면 공부가 잘 된다.
- 공부가 잘 되면 시험을 잘 본다.
- 초콜릿은 단 맛이 난다.

① 시험을 잘 봐야 공부할 의욕이 생긴다.

② 학생들은 초콜릿만 먹는다.

③ 초콜릿을 먹으면 집중이 잘 된다.

④ 초콜릿 소비량이 늘고 있다.

⑤ 초콜릿을 가지고 있어야 성적이 좋다.

23

> 자유는 사랑과 더불어 공영된다는 사실을 경시해서는 안 된다. 만일, 사랑이 없는 자유만이 인정된다면 거기에는 심한 경쟁이 불가피하며, 경쟁에 낙오된 자는 누구도 자유와 행복을 누릴 수가 없다. 자유는 최대 다수의 최대 자유가 마지막 목적이다. 이제 사랑이 없는 자유는 최소수의 최대 자유만이 용인되는 과오(過誤)로 ㉠떨어질 가능성이 크다. 우리는 마르크스 주의를 평할 때, 그들이 사랑이 없는 평등(平等)만을 위하는 데 불행이 있었다고 말한다.

① 한 달 동안 나를 괴롭히던 독감이 뚝 <u>떨어졌다</u>.
② 그는 친구를 잘못 사귀어 악의 구렁텅이에 <u>떨어졌다</u>.
③ 모든 사람들이 싫어하는 그 어려운 일이 나에게 <u>떨어졌다</u>.
④ 막내가 집안 식구와 <u>떨어져</u> 낯선 시골에 살고 있다.
⑤ 대장(隊長)의 입에서 집에 다녀오라는 지시가 <u>떨어졌다</u>.

24

> 자연과 융합성은 사용 부재(部材)의 형태에서 잘 나타난다. 즉, 휜재(材)는 휜재대로 사용하는데, 대들보로 사용할 때에는 힘을 가장 많이 받는 휘어진 꼭짓점에 동자대공을 놓아 사용하고, 문지방으로 사용할 때에는 반대로 꼭짓점이 아래로 오게 한다. 또, 막돌은 막돌대로 초석(礎石)으로 사용하며 특히 기둥의 밑동을 적당히 파서 ㉠막 생긴 초석의 면에 맞추는 것은 조선시대 건축의 한 특성으로 주택에서도 쉽게 찾아볼 수 있는 것이다.

① 차가운 겨울 벌판을 달려 기차가 사라져 가자 그는 <u>막</u> 울기 시작하였다.
② 적진을 향하여 <u>막</u> 달려가는 김 일병의 눈에는 분노의 불길만이 이글거렸다.
③ 아침을 굶은 데다가 먼 길을 걸어 허기진 영수는 음식을 보자 <u>막</u> 먹어 치웠다.
④ <u>막</u> 자란 가지 그대로는 악기를 만들 수 없으므로 굽고 다듬어 가공해야 한다.
⑤ <u>막</u> 꺾어 온 싱싱한 꽃으로만 꽃바구니를 꾸미며, 보기에도 더욱 환하고 아름답다.

25

> 역사에 대한 잘못된 해석은 대부분 논리적인 비약에서 ㉠오는 것이다. 주관적인 선입견을 배제하고 논리적인 사고를 통하여 얻어진 객관적 사실은 역사를 이해하는 토대가 된다. 그러나 이러한 객관적 사실의 인식만으로써 역사를 이해하는 작업이 끝나는 것은 물론 아니다. 역사는 단순한 사실의 무더기만은 아니기 때문이다.

① 도저히 참을 수 없을 만큼 잠이 <u>오는군</u>.
② 그녀는 무릎까지 <u>오는</u> 치마를 입고 있었다.
③ 이번 사태는 우리의 부주의에서 <u>온</u> 것이다.
④ 가을이 <u>오면</u> 우리 누나는 결혼을 할 예정이다.
⑤ 올해는 더위가 좀 일찍 <u>올</u> 예정이랍니다.

26 다음 문장 중 어법에 맞고 자연스러운 것은?

① 지금 내가 살고 있는 도마동은 예전에는 농촌이었던 곳으로 태어난 곳은 아니다.
② 저 선수의 장점은 주력이 빠르고 시야가 넓은 것이 가장 큰 장점입니다.
③ 내가 재수를 해서 잃은 것은 무엇이고 얻은 것은 무엇일까? 얻은 것은 지난날을 차분히 돌아보고 반성할 기회를 가짐으로써 좀 겸손해진 것 같다.
④ 하지만 어린 나이에 할머니의 생활들을 이해한다는 것은 거의 불가능한 일이었다. 그럼에도 불구하고 그것은 나의 지금의 모습을 형성하는 데 많은 영향을 미쳤다.
⑤ 원시 시대부터 인간은 끊임없는 발전을 거듭해 온 것은 우리가 인정해야 하는 사실이나.

27 다음 빈칸에 공통으로 들어갈 단어로 옳은 것은?

- 친구와의 (   )을 생각해서 추궁하지 않기로 했다.
- 오자가 너무 많아 (   )을 다시 해야겠다.
- 정든 (   )을 떠나려니 마음이 아프다.
- 허리가 많이 휘어져 있어 척추 (   ) 수술을 받기로 결심했다.

① 인정   ② 보정
③ 우정   ④ 수정
⑤ 교정

28 다음 속담과 공통적으로 뜻이 통하는 성어는?

- 빈대 잡으려다 초가삼간 태운다.
- 쥐 잡다 장독 깬다.
- 소 뿔 바로 잡으려다 소 잡는다.

① 설상가상(雪上加霜)
② 견마지로(犬馬之勞)
③ 교왕과직(矯枉過直)
④ 도로무익(徒勞無益)
⑤ 침소봉대(針小棒大)

29 '과학 기술의 발달'을 대상으로 하여 표현하려고 한다. 〈보기〉의 의도를 잘 반영하여 표현한 것은?

〈보기〉
㉠ 비유와 대조의 방법을 사용한다.
㉡ 대상이 지니고 있는 양면적 속성을 드러낸다.
㉢ 의지를 지닌 것처럼 표현한다.

① 과학 기술의 발달은 현대 사회의 생산력을 높여 주고, 이를 통해서 모든 인간의 물질적 수요를 충족시켜 준다.

② 과학 기술의 발달은 그 무한한 가능성으로 인해 인간에게 희망을 줄 수도 있지만, 반면에 심각한 위협을 주기도 한다.

③ 과학 기술의 발달은 인간에게 풍요와 편리를 안겨다 준 천사이면서, 동시에 인간의 무지를 깨우쳐 준 지혜의 여신이다.

④ 과학 기술의 발달은 인간을 해방시켜 자아를 실현하게 할 수도 있지만, 인간을 로봇처럼 조종하기 위해서 미숙한 상태로 억눌러 둘 수도 있다.

⑤ 과학 기술의 발달은 과거와는 현저히 다른 양상으로 인간의 운명을 이끌었고, 앞으로도 어떤 변화를 가져올지 모르는 수수께끼와 같은 존재이다.

30 다음은 어떤 글을 쓰기 위한 자료들을 모아 놓은 것이다. 이들 자료를 바탕으로 쓸 수 있는 글의 주제는?

㉠ 소크라테스는 '악법도 법이다.'라는 말을 남기고 독이 든 술을 태연히 마셨다.
㉡ 도덕적으로는 명백하게 비난할 만한 행위일지라도, 법률에 규정되어 있지 않으면 처벌할 수 없다.
㉢ 개 같이 벌어서 정승같이 쓴다는 말도 있지만, 그렇다고 정당하지 않은 방법까지 써서 돈을 벌어도 좋다는 뜻은 아니다.
㉣ 주요섭의 '사랑방 손님과 어머니'라는 작품은, 서로 사랑하면서도 관습 때문에 헤어져야 하는 사람들에 대한 이야기이다.

① 신념과 행위의 일관성은 인간으로서 지켜야 할 마지막 덕목이다.
② 도덕성의 회복이야말로 현대 사회의 병리를 치유할 수 있는 최선의 방법이다.
③ 개인적 신념에 배치된다 할지라도, 사회 구성원이 합의한 규약은 지켜야 한다.
④ 현실이 부조리하다 하더라도, 그저 안주하거나 외면하지 말고 당당히 맞서야 한다.
⑤ 부정적인 세계관은 결코 현실을 개혁하지 못하므로 적극적·긍정적인 세계관의 확립이 필요하다.

31 다음은 하나의 문단을 구성하는 문장들을 순서 없이 늘어놓은 것이다. 이 문단의 맨 마지막에 놓여야 할 문장은?

⊙ 뜻문자는 단어를 상징적인 의미의 기호로 표현한 문자로서 한자가 대표적이다.

ⓛ 이 중에서 소리문자가 가장 발달된 문자인데, 그 중에서도 으뜸은 한글이다. 적은 수의 기본자로 많은 말소리를 자유자재로 표기할 수 있기 때문이다.

ⓒ 그림문자란 문자를 그림으로 나타내어 표현한 것이고 그 예로는 상형문자를 들 수 있다.

ⓔ 문자는 크게 세 가지 종류로 나눌 수 있다. 하나는 그림문자이고, 다른 하나는 뜻문자이고, 또 다른 하나는 소리문자이다.

ⓜ 반면, 소리문자는 알파벳과 같이, 단어의 요소나 소리를 기호로 나타내는 문자이다.

---

① ㉠

② ㉡

③ ㉢

④ ㉣

⑤ ㉤

32 다음 속담의 공통적인 의미와 가장 거리가 먼 것은?

• 낙숫물이 댓돌을 뚫는다.
• 열 번 찍어 안 넘어가는 나무 없다.
• 구르는 돌에는 이끼가 끼지 않는다.

---

① 인내

② 노력

③ 끈기

④ 신뢰

⑤ 근면

33 다음 문장의 빈칸에 공통으로 들어갈 말은?

> • 술을 (   ).
> • 김치를 (   ).
> • 시냇물에 발을 (   ).

① 익히다　　　　　　　　　② 거르다
③ 적시다　　　　　　　　　④ 따르다
⑤ 담그나

Q 【34~36】 다음 중 밑줄 친 말의 문맥적 의미로 옳은 것을 고르시오.

34

> 사춘기가 된 아들의 턱에 수염이 <u>나기</u> 시작했다.

① 길, 통로, 창문 따위가 생기다.
② 신문, 잡지 따위에 어떤 내용이 실리다.
③ 신체 표면이나 땅 위에 솟아나다.
④ 인물이 배출되다.
⑤ 어떤 사물에 구멍, 자국 따위의 형체 변화가 생기거나 작용에 이상이 일어나다.

35

> 영어 선생님은 내게 배우가 <u>되면</u> 어떻겠느냐고 진지하게 물어보셨다.

① 다른 것으로 바뀌거나 변하다.
② 새로운 신분이나 지위를 가지다.
③ 일정한 수량에 차거나 이르다.
④ 사람으로서의 품격과 덕을 갖추다.
⑤ 반죽이나 밥 따위가 물기가 적어 빡빡하다.

36

> 그는 방학 때마다 아르바이트를 하여 학비를 <u>벌었다</u>.

① 시간이나 돈을 안 쓰게 되어 여유가 생기다.
② 일을 하여 돈 따위를 얻거나 모으다.
③ 못된 짓을 하여 벌받을 일을 스스로 청하다.
④ 소작 따위로 농사를 짓다.
⑤ 틈이 나서 사이가 뜨다.

Q 【37~38】 다음에 제시된 문장의 밑줄 친 부분의 의미가 나머지와 가장 다른 것을 고르시오.

37 ① 산봉우리 너머로 아침 해가 <u>뜨기</u> 시작했다.
② 수백 명의 승객을 태운 비행기가 <u>떠올랐다</u>.
③ 여름이 되자 장판이 <u>뜨기</u> 시작했다.
④ 드론을 <u>띄워</u> 관찰했다.
⑤ 오랜만에 별이 <u>뜬</u> 것을 볼 수 있었다.

38 ① 이 한약재는 소화를 <u>돕는다</u>.

② 민수는 물에 빠진 사람을 <u>도왔다</u>.

③ 불우이웃을 <u>돕다</u>.

④ 한국은 허리케인으로 인하여 발생한 미국의 수재민을 <u>도왔다</u>.

⑤ 어려운 생계를 <u>돕기</u> 위해 아르바이트를 했다.

39 다음 설명에 해당하는 단어는?

> 고기나 생선, 채소 따위를 양념하여 국물이 거의 없게 바짝 끓이다.

① 딜이다   ② 줄이다

③ 조리다   ④ 말리다

⑤ 졸이다

40 다음 중 우리말이 맞춤법에 따라 올바르게 사용된 것은?

① 별르다   ② 가녕스럽다

③ 난장이   ④ 케케묵다

⑤ 닐리리

【41~43】 다음 문장을 읽고 뜻이 가장 잘 통하도록 ( ) 안에 적합한 단어를 고르시오.

41

> 매사에 집념이 강한 승호의 성격으로 볼 때 그는 이 일을 ( ) 성사시키고야 말 것이다.

① 마침내　　　　　　　　　　　② 도저히
③ 기필코　　　　　　　　　　　④ 일찍이
⑤ 게다가

42

> 표준어는 나라에서 대표로 정한 말이기 때문에, 각 급 학교의 교과서는 물론이고 신문이나 책에서 이것을 써야 하고, 방송에서도 바르게 사용해야 한다. 이와 같이 국가나 공공 기관에서 공식적으로 사용해야 하므로, 표준어는 공용어이기도 하다. ( ) 어느 나라에서나 표준어가 곧 공용어는 아니다. 나라에 따라서는 다른 나라 말이나 여러 개의 언어로 공용어를 삼는 수도 있다.

① 그래서　　　　　　　　　　　② 그러나
③ 그리고　　　　　　　　　　　④ 그러므로
⑤ 왜냐하면

43

> 우리말을 외국어와 비교하면서 우리말 자체가 논리적 표현을 위해서는 부족하다는 것을 주장하는 사람들이 있다. ( ) 우리말이 논리적 표현에 부적합하다는 말은 우리말을 어떻게 이해하느냐에 따라 수긍이 갈 수도 있고 그렇지 않을 수도 있다.

① 그리고　　　　　　　　　　　② 그런데
③ 왜냐하면　　　　　　　　　　④ 그러나
⑤ 그래서

44 ㉠이 범하고 있는 오류와 가장 가까운 것은?

> 오늘날 철학을 배경으로 하여 자연 환경의 문제에 관한 의사 결정에는 전문 과학자만이 참가할 수 있다는 엘리트주의가 판을 치고 있다. 이렇게 되면 ㉠평범한 사람은 과학자가 하는 일을 이해할 수 없으므로 과학자가 하는 일은 무조건 정당한 것으로 받아들여야 한다는 논리가 성립된다. 이 논리는 오늘날 핵 산업의 전문가와 군부 및 경제 과학 전문가들이 핵무기와 핵 발전 또는 그것으로 인한 환경의 오염 등에 대한 대중의 참여가 부당함을 입증하는 논리로 애용되어 왔다.

① 병한이가 훔쳤을 거야. 여기에 돈을 둘 때 옆에서 보고 있었거든.
② 아니, 너 요즘은 왜 전화 안 하니? 응, 이젠 아주 나를 미워하는구나.
③ 누나, 누나는 자기도 매일 텔레비전 보면서, 왜 나만 못 보게 하는 거야?
④ 애 아버지는 유명한 화가야. 그러니까 이 아기도 그림을 잘 그릴 게 분명해.
⑤ 어디 그럼 하나님이 없다는 증거를 대봐. 못 하지? 거봐. 하나님은 있는 거야.

45 다음에 제시된 단어와 의미가 상반된 단어는?

> 명시(明示)

① 중시(重視)
② 암시(暗示)
③ 무시(無視)
④ 경시(輕視)
⑤ 효시(梟示)

46 다음 문장의 괄호 안에 들어갈 알맞은 단어는?

> 현대 사회에서는 (   )를 찾아볼 수 없을 만큼 정보가 넘쳐 난다.

① 이례(異例) ② 유례(類例)

③ 의례(儀禮) ④ 범례(範例)

⑤ 조례(條例)

47 다음의 진술로부터 도출될 수 없는 주장은?

> 어떤 사람은 신의 존재와 운명론을 믿지만, 모든 무신론자가 운명론을 거부하는 것은 아니다.

① 운명론을 거부하는 어떤 무신론자가 있을 수 있다.
② 운명론을 받아들이는 어떤 무신론자가 있을 수 있다.
③ 운명론과 무신론에 특별한 상관관계가 있는지는 알 수 없다.
④ 무신론자들 중에는 운명을 믿는 사람이 있다.
⑤ 모든 사람은 신의 존재와 운명론을 믿는다.

Q 【48~50】 다음 글을 읽고 물음에 답하시오.

우리는 우리가 생각한 것을 말로 나타낸다. 또 다른 사람의 말을 듣고, 그 사람이 무슨 생각을 가지고 있는가를 짐작한다. 그러므로 생각과 말은 서로 떨어질 수 없는 깊은 관계를 가지고 있다.

그러면 말과 생각이 얼마만큼 깊은 관계를 가지고 있을까? 이 문제를 놓고 사람들은 오랫동안 여러 가지 생각을 하였다. 그 가운데 가장 두드러진 것이 두 가지 있다. 그 하나는 말과 생각이 서로 꼭 달라붙은 쌍둥이인데 한 사람은 생각이 되어 속에 감추어져 있고 다른 한 사람은 말이 되어 사람 귀에 들리는 것이라는 생각이다. 다른 하나는 생각이 큰 그릇이고 말은 생각 속에 들어가는 작은 그릇이어서 생각에는 말 이외에도 다른 것이 더 있다는 생각이다.

이 두 가지 생각 가운데서 앞의 것은 조금만 깊이 생각해보면 틀렸다는 것을 즉시 깨달을 수 있다. 우리가 생각한 것은 거의 대부분 말로 나타낼 수 있지만, 누구든지 가슴 속에 응어리진 어떤 생각이 분명히 있기는 한데 그것을 어떻게 말로 표현해야 할지 애태운 경험을 가지고 있을 것이다. 이것 한 가지만 보더라도 말과 생각이 서로 안팎을 이루는 쌍둥이가 아님은 쉽게 판명된다.

인간의 생각이라는 것은 매우 넓고 큰 것이며 말이란 결국 생각의 일부분을 주워 담는 작은 그릇에 지나지 않는다. ㉠_____ 아무리 인간의 생각이 말보다 범위가 넓고 큰 것이라고 하여도 그것을 가능한 한 말로 바꾸어 놓지 않으면 그 생각의 위대함이나 오묘함이 다른 사람에게 전달되지 않기 때문에 생각이 형님이요, 말이 동생이라고 할지라도 생각은 동생의 신세를 지지 않을 수가 없게 되어 있다. 그러니 ㉡_____.

48 위 글을 읽고 옳지 않은 내용은?

① 생각과 말은 불가분의 관계를 가지고 있다.
② 우리가 생각한 것은 거의 대부분 말로 나타낼 수 있다.
③ 말과 생각은 서로 꼭 달라붙은 쌍둥이와 같다.
④ 생각은 말의 신세를 질 수 밖에 없다.
⑤ 말을 통하지 않고는 생각을 전달할 수가 없다.

49 다음 중 ㉠에 들어갈 접속사로 옳은 것은?

① 왜냐하면　　　　　　　　② 그러나
③ 그래서　　　　　　　　　④ 예를들어
⑤ 그러므로

50 ⓛ에 들어갈 말로 가장 적절한 것은?

① 생각이야말로 말을 통제하는 장치인 것이다.

② 말을 통하지 않고는 생각을 전달할 수가 없는 것이다.

③ 어떠한 생각도 말로 표현 가능하다.

④ 말은 생각의 신세를 질 수밖에 없다.

⑤ 말이란 결국 생각의 일부분을 주워 담는 작은 그릇일 뿐이다.

Q 【51~52】 문맥상 (   ) 안에 들어갈 내용으로 적절한 것을 고르시오.

51

> 이제 사회는 개인화를 넘어 초개인화 사회로 접어들고 있다. 기업의 마케팅의 성패는 '초개인화'를 이루었
> 는지가 관건이 되고 있다. 데이터를 기반으로 알고리즘을 만드는 '개인화'와 달리 '초개인화'는 개개인의
> 취향이나 관심사를 세분화하여 개별적으로 맞춰진 혜택을 제공하는 것으로, 개인의 취향과 일상을 중시
> 하는 젊은 소비자를 겨냥한 마케팅의 일환이다. (   ) 획일적인 방법이 아니라 성별, 연령, 취향,
> 취미 등의 다양한 분야로 세분화하여 효과적으로 마케팅을 하는 것이 필요하다.

① 나노화 되어가는 개인에 맞춰 마케팅의 방식의 변화가 필요하다.

② 제일 좋은 마케팅의 방법은 가격인하 정책이다.

③ 경기불황이 초개인화 사회로 접어들게 하는 제일 큰 요소이다.

④ 일부에서는 자기 최면으로 나타나는 효과로 보고 있다.

⑤ 하지만 이러한 현상은 지속되지 않은 것으로 보인다.

52

우리나라의 반려동물의 가구수가 1500만 명에 접어들면서 개물림 사고도 함께 늘어나고 있다. 우리나라 「동물보호법」에서 정한 맹견의 범위에 해당하는 견종은 도사견, 아메리칸 핏불테리어, 아메리칸 스탠퍼드셔 테리어, 스탠퍼드셔 불 테리어, 로트와일러가 해당한다. (   ) 목줄과 입마개 의무착용과 이동장치에 대한 사항이다. 또한 맹견 소유자는 안전한 사육과 관리를 위해서 정기적으로 교육을 받는다. 그 교육내용에는 맹견의 종류별 특성, 사육방법, 질병예방에 대한 사항과 안전관리 및 보호와 복지에 관한 사항이 있다.

① 동물보호법에는 반려동물의 범위에 개가 포함된다.
② 사람에게 신체적으로 피해를 주는 경우 소유자의 동의 없이 생포하여 격리한다.
③ 월령이 3개월 이상인 맹견을 동반하고 외출할 때에 정한 준수사항이 있다.
④ 맹견의 소유자는 보험 가입이 필요하다.
⑤ 어린이집이나 유치원에는 맹견이 출입할 수 없다.

53 다음의 '미봉(彌縫)'과 의미가 통하는 한자성어는?

이번 폭우로 인한 수해는 오래된 매뉴얼에 의한 안일한 대처로 피해를 키운 인재(人災)라는 논란이 있다. 하지만 이번에도 정치권에서는 근본 대책을 세우기보다 특별재난지역을 선포하는 선에서 적당히 '미봉(彌縫)'하고 넘어갈 가능성이 크다.

① 이심전심(以心傳心)
② 괄목상대(刮目相對)
③ 임시방편(臨時方便)
④ 주도면밀(周到綿密)
⑤ 청산유수(靑山流水)

54 다음 글에서 글의 통일성과 일관성을 해치는 것은?

> ㉠도시인들은 공해에 시달린다. ㉡거리를 달리는 온갖 차들, 공장의 굴뚝, 연탄이나 석유를 연료로 쓰는 일반 주택의 난방 시설 등에서 쉬지 않고 뿜는 연기와 가스는 도시의 공기를 흐리게 한다. ㉢요즘 집을 새로 지을 때 멋을 부려서 굴뚝의 모양과 색깔을 다양하게 한다. 특히 공장 굴뚝은 여러 가지 모양의 색을 칠해서 무늬를 아름답게 만든다. ㉣모든 집에서 흘러나오는 하수와 공장에서 흘려보내는 폐수는 강물을 더럽혀서 깨끗한 수돗물을 공급하는데 지장을 준다. ㉤뿐만 아니라, 확성기, 라디오, 텔레비전, 온갖 차들의 경적, 공장의 기계들이 내는 소음은 사람들의 청각을 마비시키고 신경을 마비시켜서 정신적인 피로를 가져다준다.

① ㉠
② ㉡
③ ㉢
④ ㉣
⑤ ㉤

55 다음 글 뒤에 이어질 내용을 유추한 것으로 가장 알맞은 것은?

> 우리나라에서 지역별 특색이 있는 사투리가 점차 사라지고 있다. 우리나라의 사람의 절반이 표준어를 사용하고 지역 고유의 방언이 점차 소멸되어가는 현재, 사투리를 보존하고 계승하기 다양한 노력을 하고 있다. 대표적으로 지역 사투리 사전 출판, 자료 연구 등이 주요하다. 일각에서는 지역 방언의 사용이 언어 통합에 방해가 된다 하여 소멸이 자연스러운 현상이라고 말하고 있다. 하지만 지역 방언은 지역 고유의 문화유산으로 그 지역만의 특색과 문화를 보여주며, 지역 방언 사용자의 정체성과 정서 형성에도 도움을 준다고 본다. 또한 지역 방언은 오랜 시간 사용되어진 것으로 한국어의 역사를 밝히는 중요 단서가 될 수 있어 보존하기 위한 노력이 필요하다.

① 소멸되어가는 지역 방언을 보존해야 한다.
② 지역 방언은 지역감정을 조장하기에 사라져야 한다.
③ 지역 방언 사용에 대한 국민들의 거부감이 줄어들고 있다,
④ 사투리를 사용하는 것은 국가의 언어 통합에 방해가 된다.
⑤ 사투리를 보존하고 계승하기 위한 보존회가 있다.

56 다음 글의 서술상 특징으로 옳은 것은?

> 프레임(frame)이란 우리가 세상을 바라보는 방식을 형성하는 정신적 구조물이다. 프레임은 우리가 추구하는 목적, 우리가 짜는 계획, 우리가 행동하는 방식, 그리고 우리 행동의 좋고 나쁜 결과를 결정한다. 정치에서 프레임은 사회 정책과 그 정책을 수행하고자 수립하는 제도를 형성한다. 프레임을 바꾸는 것은 이 모두를 바꾸는 것이다. 그러므로 프레임을 재구성하는 것이 바로 사회적 변화이다.
> 프레임을 재구성한다는 것은 대중이 세상을 보는 방식을 바꾸는 것이다. 그것은 상식으로 통용되는 것을 바꾸는 것이다. 프레임은 언어로 작동되기 때문에, 새로운 프레임을 위해서는 새로운 언어가 요구된다. 다르게 생각하려면 우선 다르게 말해야 한다.
> 구제(relief)라는 단어의 프레임을 생각해 보자. 구제가 있는 곳에는 고통이 있고, 고통 받는 자가 있고, 그 고통을 없애 주는 구제자, 다시 말해 영웅이 있기 마련이다. 그리고 어떤 사람들이 그 영웅을 방해하려고 한다면, 그 사람들은 구제를 방해하는 악당이 된다.

① 인용
② 예시
③ 분류
④ 서사
⑤ 논증

57 아래의 내용과 일치하는 것은?

> 어떤 식물이나 동물, 미생물이 한 종류씩만 있다고 할 때, 종이 다양하지 않으므로 곧바로 문제가 발생한다. 생산하는 생물, 소비하는 생물, 분해하는 생물이 한 가지씩만 있다고 생각해보자. 혹시 사고라도 생겨 생산하는 생물이 멸종하면 그것을 소비하는 생물이 먹을 것이 없어지게 된다. 즉, 생태계 내에서 일어나는 역할 분담에 문제가 생기는 것이다. 박테리아는 여러 종류가 있기 때문에 어느 한 종류가 없어져도 다른 종류가 곧 그 역할을 대체한다. 그래서 분해 작용은 계속되는 것이다. 즉, 여러 종류가 있으면 어느 한 종이 없어지더라도 전체 계에서는 이 종이 맡았던 역할이 없어지지 않도록 균형을 이루게 된다.

① 생물 종의 다양성이 유지되어야 생태계가 안정된다.
② 생태계는 생물과 환경으로 이루어진 인위적 단위이다.
③ 생태계의 규모가 커질수록 희귀종의 중요성도 커진다.
④ 생산하는 생물과 분해하는 생물은 서로를 대체할 수 있다.
⑤ 생태계는 약육강식의 법칙이 지배한다.

58 다음 글에서 설명한 원형감옥의 감시 메커니즘을 가장 핵심적으로 표현한 문장은?

> 원형감옥은 원래 영국의 철학자이자 사회개혁가인 제레미 벤담의 유토피아적인 열망에 의해 구상된 것으로 알려져 있다. 벤담은 지금의 인식과는 달리 원형감옥이 사회 개혁을 가능케 해주는 가장 효율적인 수단이 될 수 있다고 생각했지만, 결국 받아들여지지 않았다. 사회문화적으로 원형감옥은 그 당시 유행했던 '사회 물리학'의 한 예로 간주될 수 있다.
> 원형감옥은 중앙에 감시하는 방이 있고 그 주위에 개별 감방들이 있는 원형건물이다. 각 방에 있는 죄수들은 간수 또는 감시자의 관찰에 노출되지만, 감시하는 사람들을 죄수는 볼 수가 없다. 이는 정교하게 고안된 조명과 목재 블라인드에 의해 가능하다. 보이지 않는 사람들에 의해 감시되고 있다는 생각 자체가 지속적인 통제를 가능케 해준다. 즉 감시하는지 안 하는지 모르기 때문에 항상 감시당하고 있다고 생각해야 하는 것이다. 따라서 모든 규칙을 스스로 지키지 않을 수 없는 것이다.

① 원형감옥은 시선의 불균형을 확인시켜 주는 장치이다.
② 원형감옥은 타자와 자신, 양자에 의한 이중 통제 장치이다.
③ 원형감옥의 원리는 감옥 이외에 다른 사회 부문에 적용될 수 있다.
④ 원형감옥은 관찰자를 신의 전지전능한 위치로 격상시키는 세속적 힘을 부여한다.
⑤ 원형감옥은 피관찰자가 느끼는 불확실성을 수단으로 활용해 피관찰자를 복종하도록 한다.

59 다음 지문에 대한 반론으로 부적절한 것은?

> 사람들이 '영어 공용화'의 효용성에 대해서 말하면서 가장 많이 언급하는 것이 영어 능력의 향상이다. 그러나 영어 공용화를 한다고 해서 그것이 바로 영어 능력의 향상으로 이어지는 것은 아니다. 영어 공용화의 효과는 두 세대 정도 지나야 드러나며 교육제도 개선 등 부단한 노력이 필요하다. 오히려 영어를 공용화하지 않은 노르웨이, 핀란드, 네덜란드 등에서 체계적인 영어 교육을 통해 뛰어난 영어 구사자를 만들어 내고 있다.

① 필리핀, 싱가포르 등 영어 공용화 국가에서는 영어 교육의 실효성이 별로 없다.
② 우리나라는 노르웨이, 핀란드, 네덜란드 등과 언어의 문화나 역사가 다르다.
③ 영어 공용화를 하지 않으면 영어 교육을 위해 훨씬 많은 비용을 지불해야 한다.
④ 체계적인 영어 교육을 하는 나라에서도 뛰어난 영어 구사자를 발견하기 힘들다.
⑤ 이미 영어를 공용화한 나라들의 경우를 보면, 어려서부터 실생활에서 영어를 사용하여 국가 및 개인 경쟁력을 높일 수 있다.

60 다음 주장을 뒷받침하는 근거로 가장 적절한 것은?

> 새로 개발된 어떤 약이 인간에게 안전한지를 알아보기 위한 동물 실험은 우리가 필요로 하는 정보를 모두 제공하지는 못한다.

① 신약개발이 신약을 안전하게 생산하는 기술로 곧바로 연결되는 것은 아니다.
② 쥐에게 효과가 있는 약이 인간에게 부작용을 일으키는 경우가 있다.
③ 동물 실험보다 위약(僞藥) 실험이 신약 검증에 더 도움이 된다.
④ 동물 실험이 신약의 안정성 확보에 도움이 된 경우가 낳다.
⑤ 동물도 고통을 느끼며 생명을 가지고 있다.

Q 【61~62】 다음 글을 읽고 물음에 답하시오.

> (가) 숨 쉬고 마시는 공기와 물은 이미 심각한 수준으로 오염된 경우가 많고, 자원의 고갈, 생태계의 파괴는 더 이상 방치할 수 없는 지경에 이르고 있다.
> (나) 현대인들은 과학 기술이 제공하는 물질적 풍요와 생활의 편리함의 혜택 속에서 인류의 미래를 낙관적으로 전망하기도 한다.
> (다) 또한 자연 환경의 파괴뿐만 아니라 다양한 갈등으로 인한 전쟁의 발발 가능성은 도처에서 높아지고 있어서, 핵전쟁이라도 터진다면 인류의 생존은 불가능해질 수도 있다.
> (라) 이런 위기들이 현대 과학 기술과 밀접한 관계가 있다는 사실을 알게 되는 순간, 과학 기술에 대한 지나친 낙관적 전망이 얼마나 위험한 것인가를 깨닫게 된다.
> (마) ㉠_____ 주변을 돌아보면 낙관적인 미래 전망이 얼마나 가벼운 것인지를 깨닫게 해주는 심각한 현상들을 쉽게 찾아볼 수 있다.

61 내용의 전개에 따라 바르게 배열한 것은?

① (가) - (나) - (다) - (라) - (마)
② (나) - (가) - (라) - (다) - (마)
③ (나) - (라) - (가) - (마) - (다)
④ (나) - (마) - (가) - (다) - (라)
⑤ (마) - (가) - (나) - (다) - (라)

62 ㉠에 들어갈 접속사로 옳은 것은?

① 그래서
② 그리고
③ 예를 들면
④ 또는
⑤ 그러나

63 다음 글에서 언급하지 않은 내용은?

「교통사고처리특례법」에는 12개의 중과실 교통사고를 규정하고 있다. 이 규정을 위반한 경우에는 운전자 보험에 가입을 했다고 하더라도 형사처벌의 대상이 된다. 12대 중과실 사고에 해당하는 것은 신호를 위반한 경우, 중앙선을 침범한 경우, 제한 속도보다 20km를 초과하여 운전한 경우, 끼어들기 방법이나 앞지르기 방법을 위반한 경우, 철길건널목 통과방법을 위반한 경우, 횡단보도에서 보행자 보호의무를 위반한 경우, 무면허 운전을 한 경우, 음주운전을 한 경우, 보도를 침범한 경우, 승객의 추락 방지의무를 위반한 경우, 어린이보호구역 안전운전 의무를 위반한 경우, 자동차의 화물이 떨어지지 아니하도록 필요한 조치를 하지 않은 경우가 있다. 위와 같은 사항으로 사망이나 상해에 이른 경우 금고형 또는 벌금형에 처한다. 또한 12개의 중과실 사고에 해당하는 차의 운전자는 공소를 제기할 수 없다.

① 중과실치사로 보행자가 상해를 입은 경우 금고형에 처해질 수 있다.
② 고속도로에서 앞지르기 방법을 위반하는 경우에는 12대 중과실 사고이다.
③ 버스에서 승객이 밖으로 떨어져서 발생한 사고는 12대 중과실 사고이다.
④ 중앙선 우측 부분으로 통행하지 않거나 선을 침범하여 발생한 사고는 12대 중과실 사고이다.
⑤ 보험회사에서 교통사고를 처리할 때 서면을 거짓으로 작성하면 벌금형에 처해진다.

64 다음에 제시된 글을 가장 잘 요약한 것은?

근대 이전의 대도시들은 한 국가 내에서 중요한 역할을 수행하며 성장해 왔다. 이후 국가와 국가, 도시와 도시를 이어 주는 항공교통 및 인터넷과 같은 새로운 교통·통신 수단이 발달되었고, 전 세계적으로 공간적 분업체계가 형성되어 국가 간의 상호 작용이 촉진되었다. 그 결과 세계 도시에는 국제적 자본이 더욱 집중되었다.

이러한 일련의 과정 속에서 세계 도시 간의 계층 구조가 형성되었다. 가장 상위에 있는 세계 도시는 주로 전 세계적인 영향력을 갖추고 있는 선진국에 위치하게 되어 초국적 기업의 중추적 기능과 국제적인 사업 서비스의 역할을 수행해 왔다. 차상위 세계 도시들은 개발도상국의 세계 도시들로 대륙 규모의 허브 기능을 수행하고 있다. 이러한 세계 도시 체계는 국가 단위에서 상위의 도시들이 하위의 도시를 포섭하고 있다. 따라서 계층적 세계 도시 체계에서 세계 경제 성장의 기반이 되는 세계 도시는 더욱 성장하지만, 갈수록 주변부의 성격이 짙어지고 경제성장에서 배제되는 지역도 늘어나고 있다.

① 근대 이전의 대도시들은 국가 내에서 중요한 역할을 수행했다.

② 공간적 분업체계의 형성으로 국가 간의 상호 작용이 촉진되었다.

③ 새로운 교통·통신 수단의 발달로 인해 세계 도시에는 국제적 자본이 집중되었다.

④ 공간적 분업체계에 따른 세계 도시 간의 교류 증가로 세계 도시 간의 계층 구조가 형성되었으며 지역 불균형이 초래되었다.

⑤ 세계 도시 간의 계층 구조가 형성되어 경제성장에서 배제되는 지역은 점차 사라질 것이다.

65 다음 글 뒤에 이어질 내용을 유추한 것으로 가장 적절한 것은?

> 현대미술의 거장 마르셀 뒤샹이 발표한 작품 중에서 가장 유명한 것은 '샘'이다. 이 작품은 남자 소변기로 마르셀 뒤샹이 자신의 이름 대신에 변기를 만든 욕실용품 제조업자의 이름인 R. MUTT 1917으로 서명을 하였다. 마르셀 뒤샹은 기성품인 소변기를 구입한 후에 서명을 하여 출품한 것으로 공장에서 생산된 기성품이 미술이나 예술이 될 수 있느냐에 대한 의견이 분분했다. 하지만 미술사에서는 이러한 작품을 레디메이드로 일컫는다. 전시장이라는 공간에서 받침과 좌대 위에 소변기를 올려둠으로 하여 사람들은 남자 소변기를 예술작품으로 받아들이게 되고 작가의 의도를 궁금해 하며 고민을 한다.

① 마르셀 뒤샹의 〈병 건조대〉와 〈부러진 팔 앞〉에서 또한 기성품을 전시한 것이다.
② 〈샘〉에서 마르셀 뒤샹은 자신의 서명을 하지 않고 존재를 감추었다.
③ 작품 〈샘〉은 입체작품으로 남자 소변기를 뉘어서 받침대 위에 올려놓은 모양새이다.
④ 마르셀 뒤샹은 이 작품을 통해 형식화된 시스템에 대한 문제 제기를 하는 것이다.
⑤ 파리 조르주 퐁피두센터에서 소장하고 있는 작품이다.

66 다음 글에서 주장하는 바와 가장 거리가 먼 것은?

조선 중기에 이르기까지 상층 문화와 하층 문화는 각기 독자적인 길을 걸어왔다고 할 수 있다. 각 문화는 상대 문화의 존재를 그저 묵시적으로 인정만 했지 이해하려고 하지는 않았다. 말하자면 상·하층 문화가 평행선을 달려온 것이다. 그러나 조선 후기에 이르러 사회가 변하기 시작하였다. 두 차례의 대외 전쟁에서의 패배에 따른 지배층의 자신감 상실, 민중층의 반감 확산, 벌열(閥閱)층의 극단 보수화와 권력층에서 탈락한 사대부 계층의 대거 몰락이라는 기존권력 구조의 변화, 농공상업의 질적 발전과 성장에 따른 경제적 구조의 변화, 재편된 경제력 구조에 따른 중간층의 확대 형성과 세분화 등등의 조선 후기 당시의 사회 변화는 국가의 전체 문화 동향을 서서히 바꿔 상·하층 문화를 상호교류하게 하였다. 상층 문화는 하향화하고 하층 문화는 상향화하면서 기존의 문예 양식들은 변하거나 없어지고 새로운 문예 양식이 발생하기도 하였다. 양반 사대부 장르인 한시가 민요 취향을 보여주기도 하고, 민간의 풍속과 민중의 생활상을 그리기도 했다. 시조는 장편화하고 이야기화하기도 했으며, 가사 또한 서민화하고 소설화의 길을 걷기도 하였다. 시정의 이야기들이 대거 야담으로 정착되기도 하고, 하층의 민요가 잡가의 형성에 중요한 역할을 하였으며, 무가는 상층 담화를 수용하기도 하였다. 당대의 예술 장르인 회화와 음악에서도 변화가 나타났다. 풍속화와 민화의 유행과 빠른 가락인 삭대엽과 고음으로의 음악적 이행이 바로 그것이다.

① 소선 중기에 이르기까지 상층 문화와 하층 분화의 호환이 잘 이루어지지 않았다.
② 조선 후기에는 문학뿐만 아니라 회화·음악 분야에서도 양식의 변화를 보여 주었다.
③ 상층 문화와 하층 문화가 서로의 영역에 스며들면서 새로운 장르나 양식이 발생하였다.
④ 시조의 장편화와 이야기화는 무가의 상층 담화 수용과 같은 맥락에서 이해할 수 있다.
⑤ 국가의 전체 문화 동향이 서서히 바뀌어 가면서 기존 권력구조에 변화를 가져다주었다.

67 다음 빈칸에 들어갈 내용으로 가장 적합한 것은?

> 문화란, 인간의 생활을 편리하게 하고, 유익하게 하고, 행복하게 하는 것이다. 이것은 모두 _____의 소산인 것이다. 문화와 이상은 다 같이 사람이 추구하는 대상이 되고 또 인생의 목적이 거기에 있다는 점에서는 동일하다. 그러나 이 두 가지가 완전히 일치하는 것은 아니고, 차이점이 여기에 있다. 즉, 문화는 인간의 이상이 이미 현실화된 것이고, 이상은 현실 이전의 문화라 할 수 있다. 어쨌든, 이 두 가지를 추구하여 현실화하는 데에는 지식이 필요하고, 이러한 지식의 공급원으로는 다시 서적이란 것으로 돌아오지 않을 수가 없다. 문화인이면 문화인일수록 서적 이용의 비율이 높아지고, 이상이 높으면 높을수록 서적 의존도 또한 높아지는 것이 당연하다. 오늘날, 정작 필요한 지식은 서적을 통해 입수하기 어렵다는 불평이 많은 것도 사실이다. 그러나 인류가 지금까지 이루어낸 서적의 양은 실로 막대한 바가 있다. 옛말의 '오거서(五車書)'와 '한우충동(汗牛充棟)' 등의 표현으로는 이야기도 안 될 만큼 서적이 많아졌다. 우리나라 사람은 일반적으로 책에 관심이 적은 편에 해당한다. 학교에 다닐 때에는 시험이란 악마의 위력으로, 울며 겨자 먹기로 교과서를 파고들지만, 일단 졸업이란 영예의 관문을 돌파한 다음에는 대개 책과는 인연이 멀어지는 사람이 많다.

① 과학
② 문명
③ 지식
④ 서적
⑤ 정보

Q 【68~69】 다음 글을 읽고 물음에 답하시오.

(가) 과학은 현재 있는 그대로의 실재에만 관심을 두고 그 실재가 앞으로 어떠해야 한다는 당위에는 관심을 가지지 않는다.

(나) 그러나 각자 관심을 두지 않는 부분에 대해 상대방으로부터 도움을 받을 수 있기 때문에 상호 보완적이라고 보는 것이 더 합당하다.

(다) 과학과 종교는 상호 배타적인 것이 아니며 상호 보완적이다.

(라) 반면 종교는 현재 있는 그대로의 실재보다는 당위에 관심을 가진다.

(마) 이처럼 과학과 종교는 서로 관심의 영역이 다르기 때문에 배타적이라고 볼 수 있다.

68 내용의 전개에 따라 바르게 배열한 것은?

① (가) - (나) - (다) - (라) - (마)

② (나) - (다) - (가) - (라) - (마)

③ (다) - (나) - (가) - (마) - (라)

④ (다) - (가) - (라) - (마) - (나)

⑤ (마) - (가) - (라) - (나) - (다)

69 위 글을 통해 알 수 없는 것은?

① 과학은 당위성보다 실재성에 주목한다.

② 종교는 실재성보다 당위성에 주목한다.

③ 과학과 종교는 비슷한 영역을 공유할 수 있기 때문에 상호 보완적이다.

④ 과학과 종교는 서로 도움을 받을 수 있다.

⑤ 과학과 종교는 관심의 영역이 서로 다르다.

가격분산(price dispersion)이란 동일 시점에 동일 제품에 대해 상점마다 가격 차이가 나는 현상을 말한다. 가격 분산이 존재하면 소비자는 특정 품질에 대해 비용을 더 많이 지불할 가능성이 있고 그 결과 구매력은 그만큼 저하되고, 경제적 복지수준도 낮아지게 된다. 또한 가격분산이 존재할 때 가격은 품질에 대한 지표가 될 수 없으므로, 만약 소비자가 가격을 품질의 지표로 사용한다면 많은 경제적 위험이 따르게 된다.

가격분산이 발생하는 원인은 크게 판매자의 경제적인 이유에 의한 요인, 소비자 시장구조에 의한 요인, 재화의 특성에 따른 요인, 소비자에 의한 요인으로 구분할 수 있다.

첫째, 판매자 측의 경제적인 이유로는 소매상점의 규모에 따른 판매비용의 차이와 소매상인들의 가격 차별화 전략의 두 가지를 들 수 있다. 상점의 규모가 클수록 대량으로 제품을 구매할 수 있으므로 판매 비용이 절감되어 보다 낮은 가격에 제품을 판매할 수 있다. 가격 차별화 전략은 소비자의 지불 가능성에 맞추어 그때그때 최고 가격을 제시함으로써 이윤을 극대화하는 전략을 말한다.

둘째, 소비자 시장구조에 의한 요인으로 소비자 시장의 불완전성과 시장 규모의 차이에서 기인하는 것이다. 새로운 판매자가 시장에 진입하거나 퇴거할 때 각종 가격 세일을 실시하는 것과 소비자의 수가 많고 적음에 따라 가격을 다르게 정할 수 있는 것을 예로 들 수 있다.

셋째, 재화의 특성에 따른 요인으로 하나의 재화가 얼마나 다른 재화와 밀접하게 관련되어 있느냐에 관한 것, 즉 보완재의 여부에 따라 가격분산을 가져올 수 있다.

넷째, 소비자에 의한 요인으로 가격과 품질에 대한 소비자의 그릇된 인지를 들 수 있다. 소비자가 가격분산의 정도를 잘못 파악하거나 가격분산을 과소평가하게 되면 정보 탐색을 적게 하고 이는 시장의 규율을 늦춤으로써 가격분산을 지속시키는 데 기여하게 되는 것이다.

결론적으로 소비자 시장에서 가격분산의 발생은 필연적이고 구조적인 것이라 할 수 있다. 이는 소비자가 가격 정보 탐색을 통해 구매 이득을 얻을 수도 있지만 동시에 충분한 정보를 가지고 있지 않은 소비자들은 손실을 볼 수도 있음을 시사한다.

70 다음 글의 내용과 일치하지 않는 것은?

① 가격분산이란 동일 시점에 동일 제품에 대해 상점마다 가격 차이가 나는 현상이다.

② 소매상점의 규모에 따른 판매 비용의 차이는 가격분산이 발생하는 원인 중 판매자의 경제적인 이유에 의한 요인에 해당한다.

③ 소비자 시장의 불완전성은 가격분산이 발생하는 원인 중 소비자 시장구조에 의한 요인에 해당한다.

④ 가격과 품질에 대한 소비자의 그릇된 인지는 가격분산이 발생하는 원인 중 소비자에 의한 요인에 해당한다.

⑤ 소비자 시장에서 가격분산의 발생은 우연적이라고 할 수 있다.

71 가격 분산의 예로 적절한 것은?

① A옷가게는 점포 정리를 이유로 B옷가게보다 10,000원 더 저렴하게 면바지를 팔았다.

② 커트비용이 6,000원인 A미용실 대신 사은품을 함께 주는 B미용실에서 12,000원에 머리를 잘랐다.

③ 전기자전거를 사려 했으나 가격이 너무 비싸 망설이다가 신상품이 출시되어 가격이 떨어진 후 제품을 구매했다.

④ 대리점과 인터넷을 비교했더니 두 곳의 제품가격이 같아서 당장 물건을 받을 수 있는 대리점에서 휴대폰을 구매했다.

⑤ A피시방과 근처에 있는 B피시방은 1,000원이었던 요금인상을 합의한 후 피시방 요금을 1,500원으로 조정했다.

만약 영화관에서 영화가 재미없다면 중간에 나오는 것이 경제적일까, 아니면 끝까지 보는 것이 경제적일까? 아마 지불한 영화 관람료가 아깝다고 생각한 사람은 영화가 재미없어도 끝까지 보고 나올 것이다. 과연 그러한 행동이 합리적일까? 영화관에 남아서 영화를 계속 보는 것은 영화관에 남아 있으면서 기회비용을 포기하는 것이다. 이 기회비용은 영화관에서 나온다면 할 수 있는 일들의 가치와 동일하다. 영화관에서 나온다면 할 수 있는 유용하고 즐거운 일들은 얼마든지 있으므로, 영화를 계속 보면서 치르는 기회비용은 매우 크다고 할 수 있다. 결국 영화관에 남아서 재미없는 영화를 계속 보는 행위는 더 큰 기회와 잠재적인 이익을 포기하는 것이므로 합리적인 경제 행위라고 할 수 없다.

경제 행위의 의사 결정에서 중요한 것은 과거의 매몰비용이 아니라 현재와 미래의 선택기회를 반영하는 기회비용이다. 매몰비용이 발생하지 않도록 신중해야 한다는 교훈은 의미가 있지만 이미 발생한 매몰비용, 곧 돌이킬 수 없는 과거의 일에 얽매이는 것은 어리석은 짓이다. 과거는 과거일 뿐이다. 지금 얼마를 손해 보았는지가 중요한 것이 아니라, 지금 또는 앞으로 얼마나 이익을 또는 손해를 보게 될지가 중요한 것이다. 매몰비용은 과감하게 잊어버리고, 현재와 미래를 위한 삶을 살 필요가 있다. 경제적인 삶이란, 실패한 과거에 연연하지 않고 현재를 합리적으로 사는 것이기 때문이다.

72 다음 중 글의 주제로 가장 적합한 것은?

① 돌이킬 수 없는 과거의 매몰비용에 얽매이는 것은 어리석은 짓이다.
② 경제 행위의 의사 결정에서 중요한 것은 미래의 선택기회를 반영하는 기회비용이다.
③ 매몰비용은 과감하게 잊어버리고, 기회비용을 고려할 필요가 있다.
④ 과거의 실패에 연연하지 않고 현재를 합리적으로 사는 경제적인 삶을 살아가는 것이 중요하다.
⑤ 경제적인 삶이란 더 큰 기회와 잠재적인 이익을 취하는 것을 말한다.

73 글의 내용과 일치하는 것은?

① 관람료를 낭비하지 않기 위해 영화관에서 재미없는 영화를 계속 보는 것도 합리적인 경제행위다.
② 영화관에서 영화가 재미없어도 계속 관람하는 것은 매몰비용을 과감하게 잊는 행동이다.
③ 매몰비용은 과감하게 잊어버리고, 현재와 미래를 위한 기회비용을 잘 활용하는 삶이 경제적인 삶이다.
④ 재미없는 영화를 계속 관람하는 것은 기회비용을 잘 활용하는 것이다.
⑤ 앞으로 지금보다 이익 또는 손해를 보는 것이 중요한 것이 아니라 지금 얼마를 손해 보았는지가 중요하다.

Q 【74~75】 다음 글을 읽고 각 물음에 답하시오.

(가) '배'는 삼국시대 이전부터 우리와 오랜 시간 함께 해온 전통과수이다. 배는 예로부터 생식, 약용, 제사 등으로 중요하게 취급되어 왔다. 배에는 칼슘, 나트륨, 칼륨의 함량이 풍부하고 인이나 유기산의 함유량이 적어 알칼리성 식품에 해당한다. 이러한 <u>이유</u>로 배를 섭취하면 혈액의 중성유지, 숙취해소, 천식 등에 효과가 있고 육류의 연화작용에 도움을 준다.

(나) 배나무는 장미과에 속하는 낙엽성에 해당하며 수명은 500년 이상이며 나무의 높이가 20m 이상을 자라는 나무에 해당한다. 배나무의 꽃은 잎보다 먼저 핀다. 백색의 꽃잎은 5매이고 암술은 5개, 수술은 20~30개가 있다.

(다) 현재 우리나라에서 주요하게 재배되는 품종 중에 하나로 '신고(新高, Niitaka)'가 있다. 1930년대에 도입된 이 품종은 어린나무 때부터 나무자람새가 강하며 곧게 자라는 경향이 있다. 가지도 굵고 강하게 자란다. 배나무의 품종 중에서 개화기가 가장 빠른 편에 해당한다.

(라) '신고' 품종의 배나무 재배는 한랭지보다 난지에서 단맛이 높게 나타나고 비옥한 양토에서 재배하는 것이 좋다. 가지가 직립으로 자라고 강한 편에 속하므로 유목기에는 짧은 열매가지에서 결실을 시키는 것이 재배에 유리하다. 빠른 개화기로 늦서리 피해를 볼 확률이 높아 이에 대한 재배 대책을 미리 수립하는 것이 유리하다.

(마) '신고' 품종은 기존에 있었던 품종 중에서 품질이 가장 우수하여 우리나라에 보급이 많은 편이다. 서양배나 중국배와 달리 한국과 일본에서 주로 생산되며 풍부한 과즙과 독특한 육질로 많은 나라에서 사랑을 받고 있다. 외국에서도 '신고' 품종의 재배를 시작하고 있고 수요가 증가될 것으로 예상되기에 더욱 더 정밀재배를 하여 품종의 장점을 더 높이는 데에 노력해야 한다.

74 다음 단락의 주제로 옳지 않은 것은?

① (가) 배의 역사와 효능　　　　② (나) 배나무의 특성
③ (다) '신고' 품종 배의 주요 특성　④ (라) '신고' 품종 배의 결실성
⑤ (마) '신고' 품종 배의 추후 전망

75 윗글에서 밑줄 친 '이유'에 해당하는 것은?

① 배나무는 잎보다 꽃이 먼저 개화한다.
② 주요하게 재배되는 품종은 '신고(新高, Niitaka)'이다.
③ 배는 삼국시대에서부터 재배되었다.
④ 배는 알칼리성 식품이다.
⑤ 배나무는 장미과에 해당한다.

Q 【76~77】 다음 글을 읽고 물음에 답하시오.

하나의 단순한 유추로 문제를 설정해 보도록 하자. 산길을 굽이굽이 돌아가면서 기분 좋게 내려가는 버스가 있다고 하자. 어떤 승객은 버스가 너무 빨리 달리는 것이 못마땅하여 위험성으로 지적한다. 아직까지 아무도 다친 사람이 없었지만 그런 일은 발생할 수 있다. 버스는 길가의 바윗돌을 들이받아 차체가 망가지면서 부상자나 사망자가 발생할 수 있다. 아니면 버스가 도로 옆 벼랑으로 추락하여 거기에 탔던 사람 모두가 죽을 수도 있다. 그런데도 어떤 승객은 불평을 하지만 다른 승객들은 아무런 불평도 하지 않는다. 그들은 버스가 빨리 다녀 주니 신이 난다. 그만큼 목적지에 빨리 당도할 것이기 때문이다. 운전기사는 누구의 말을 들어야 하는지 알 수 없다. ㉠그러나 걱정하는 사람의 말이 옳다고 한들 이제 속도를 늦추어 봤자 이미 때늦은 것일 수도 있다는 생각을 하게 된다. 버스가 이미 벼랑으로 떨어진 다음에야 브레이크를 밟아 본들 소용없는 노릇이다.

76 ㉠의 의미를 나타내기에 가장 적절한 속담은?

① 울며 겨자 먹기
② 첫모 방정에 새 까먹는다.
③ 철나자 망령난다.
④ 가다 말면 안 가느니만 못하다.
⑤ 고양이가 쥐 사정을 생각한다.

77 윗글의 상황을 나타내는 사자성어로 가장 적절한 것은?

① 단사표음(簞食瓢飮)
② 안빈낙도(安貧樂道)
③ 호연지기(浩然之氣)
④ 다기망양(多岐亡羊)
⑤ 와신상담(臥薪嘗膽)

Q 【78~79】 다음 글을 읽고 물음에 답하시오.

어느 시기부터 인간으로 간주할 수 있는가와 관련된 주제는 인문학뿐만 아니라 자연과학에서도 흥미로운 주제이다. 특히 태아의 인권 취득과 관련하여 이러한 주제는 다양하게 논의되고 있다. 과학적으로 볼 때, 인간은 수정 후 시간이 흐름에 따라 수정체, 접합체, 배아, 태아의 단계를 거쳐 인간의 모습을 갖추게 되는 수준으로 발전한다. 수정 후에 태아가 형성되는 데까지는 8주 정도가 소요되는데 배아는 2주경에 형성된다. 10달의 임신 기간은 태아 형성기, 두뇌의 발달정도 등을 고려하여 4기로 나뉘는데, 1~3기는 3개월 단위로 나뉘고 마지막 한 달은 4기에 해당한다. 이러한 발달 단계의 어느 시점에서부터 그 대상을 인간으로 간주할 것인지에 대해서는 다양한 견해들이 있다.

㉠에 따르면 태아가 산모의 뱃속으로부터 밖으로 나올 때 즉 태아의 신체가 선부 노출이 될 때부터 인간에 해당한다. ㉡에 따르면 출산의 진통 때부터는 태아가 산모로부터 독립해 생존이 가능하기 때문에 그때부터 인간에 해당한다. ㉢은 태아가 형성된 후 4개월 이후부터 인간으로 간주한다. 지각력이 있는 태아는 보호받아야 하는데 지각력에 있어서 필수 요소인 전뇌가 2기부터 발달하기 때문이다. ㉣에 따르면 정자와 난자가 합쳐졌을 때, 즉 수정체부터 인간에 해당한다. 그 이유는 수정체는 생물학적으로 인간으로 태어날 가능성을 갖고 있기 때문이다. ㉤에 따르면 합리적 사고를 가능하게 하는 뇌가 생기는 시점 즉 배아에 해당하는 때부터 인간에 해당한다. ㉥은 수정될 때 영혼이 생기기 때문에 수정체부터 인간에 해당한다고 본다.

78 ㉠ ~ ㉤에 대한 설명으로 적절하지 않은 것은?

① ㉠은 태아가 산모 뱃속으로부터 나올 때부터 인간에 해당한다고 본다.
② ㉠이 인간으로 간주하는 대상은 ㉡도 인간으로 간주한다.
③ ㉢은 정자와 난자가 합쳐졌을 때를 인간으로 간주한다.
④ ㉣과 ㉥은 인간으로 간주하는 시기는 같지만 이유는 다르다.
⑤ ㉤은 인간으로 간주하는 시기를 배아에 해당하는 때로 본다.

79 위 글을 통해 알 수 있는 것은?

① 인간으로 간주하는 시기와 관련된 주제는 자연과학에서 자주 논의되는 주제이다.
② 태아의 인권 취득과 관련한 주제는 아직 논의되지 않고 있다.
③ 인간은 수정 후 시간이 흐름에 따라 태아, 배아, 접합체, 수정체의 단계를 거친다.
④ 수정 후에 태아가 형성되는 데까지는 2주 정도가 소요된다.
⑤ 임신 기간은 5기로 나뉘는데, 1~4기는 3개월 단위로 나뉘고 마지막 한 달은 5기에 해당한다.

80 다음 글을 논리적으로 바르게 나열한 것은?

> (개) 이러한 시대의 물결에도 불구하고 최근에 독서를 즐기는 사람들 사이에서 작은 독립서점을 찾아 가는 것이 하나의 유행으로 번지고 있다. 서점이라는 공간에서 단순히 책만 판매하는 것이 아닌 문화공간과 연계하여 독서모임, 작가와의 북토크 등을 개최하여 사람들과 책에 대해서 교류할 수 있는 문화활동의 장소로 태어나고 있다.
>
> (내) 1인 출판사가 늘어남과 동시에 1인 전자출판도 늘어나면서 출판계에서는 대격변이 일어나고 있다. 기존의 대형 출판사에서는 이러한 시대의 변화에 따라가기 위해서 다양한 콜라보를 시도하면서 판매 증진을 노리고 있다. 술이나 음식과 콜라보를 하여 판매를 하거나, 출판사 간에 콜라보로 함께 판매를 하는 등의 시도를 하고 있다.
>
> (대) 출판시장이 시대의 변화의 물결을 타고 다양한 모습으로 변화하고 있다. 책을 출판하고자 하는 사람들은 반드시 출판사를 거쳐야만 도서를 출판 할 수 있었고, 판매는 대형서점에서만 주로 이루어졌다. 엎친데 덮친격으로 독서 인구가 점차 줄어들자 동네서점은 점차 사라지면서 출판사에서도 판로가 좁아져 매출이 감소하고 있는 추세이다.
>
> (래) 독립서점이 문화공간으로 발달하면서 독립출판 또한 늘어났다. 인터넷 시대가 되면서 책을 읽지 않는 풍조가 만연해지고 책의 콘텐츠는 점차 사라질 것이라고 하였다. 하지만 1인 출판에서 시장의 흐름이 아닌 작가의 색깔을 뚜렷하게 드러내는 독립출판물이 출간되자 이에 흥미를 가지는 사람들이 늘어났다.

① (대) – (개) – (래) – (내)
② (대) – (래) – (개) – (내)
③ (내) – (개) – (래) – (대)
④ (내) – (개) – (대) – (래)
⑤ (개) – (내) – (대) – (래)

≫ 정답 및 해설 **p.298**

Q 【01~02】 다음 글을 읽고 물음에 답하시오.

〈2021~2022년도 총 발전량〉

(단위 : GWh)

구분	2021년	2022년
A 국가	498,412	525,811
B 국가	348,791	347,420

〈발전소 종류별 구성비〉

(단위 : %)

A 국가	2021년	2022년	B 국가	2021년	2022년
화력	81.4	80.2	화력	58.4	50.1
수력	7.6	8.7	수력	20.3	25.5
풍력	5.2	5.8	풍력	19.5	19.7
태양력	5.8	5.3	태양력	1.8	4.7

01 다음 중 B국가의 태양력발전량이 비교 시기동안 증가된 수치는 얼마인가? (단, 소수점 이하는 절삭하여 정수로 표시함)

① 9,840   ② 10,050

③ 11,200   ④ 14,700

02 다음 〈보기〉 중 자료를 바르게 해석한 것은 몇 개인가?

〈보기〉
- 2022년 B국가의 총 발전량은 전년도보다 감소했다.
- 2022년 A국가의 화력 발전량은 B국가의 2022년 총 발전량 보다 적다.
- A와 B국가 모두 자연에너지 기반 발전비율이 증가했다.

① 0개   ② 1개
③ 2개   ④ 3개

03 다음은 비슷한 노선을 가진 A회사와 B회사의 최근 4년간 운임 변동 현황이다. 자료를 바르게 해석하지 못한 것은?

〈버스회사 최근 4년간 연도별 운임 현황〉

(단위 : 원)

요금표		2019년	2020년	2021년	2022년
A회사	성인	1,200	1,260	1,320	1,450
	어린이	400	400	440	500
B회사	성인	1,100	1,240	1,300	1,400
	어린이	500	550	550	600

※ 2019년의 승객을 100명이라고 가정한다.

① 4년간 성인 요금은 A회사보다 B회사가 더 많이 올랐다.
② 2022년 A회사가 전년도 대비 어린이 요금이 가장 많이 올랐다.
③ 2019년 성인 2명, 어린이 4명이 이용할 때 A회사 버스를 이용하는 것이 저렴하다.
④ 2022년 성인 3명, 어린이 6명이 이용할 때 B회사 버스를 이용하는 것이 저렴하다.

04 다음은 지하철 승객의 전년 대비 증가율을 나타낸 표이다. 자료를 바르게 분석한 것은?

연도	2020년	2021년	2022년
승객 증가율	10%	30%	15%

① 전년 대비 승객이 가장 많이 증가한 해는 2022년이다.
② 2021년의 승객은 2022년보다 더 많다.
③ 2020년의 승객은 2019년보다 더 감소했다.
④ 2022년의 승객은 2019년에 비해 약 64% 증가했다.

05 다음은 국가별 소득계층에 따른 저축률 추이를 나타낸 예시표이다. 예시표를 보고 바르게 분석한 것을 모두 고른 것은?

국가	상위 30%	중위 40%	하위 30%
A국	40	24	−1
B국	38	19	−7
C국	34	15	−18

ㄱ. 하위 30%의 저축률이 모든 국가에서 가장 낮다.
ㄴ. 중위 40%의 저축률이 모든 국가에서 가장 높다.
ㄷ. A국이 모든 소득계층별에서 가장 높은 저축률을 차지한다.
ㄹ. 모든 국가에서 상위 30% 저축률과 하위 30% 저축률의 평균값은 중위 40% 저축률보다 높다.

① ㄱㄴ
② ㄱㄷ
③ ㄴㄷ
④ ㄷㄹ

06 다음 표는 ㈎, ㈏, ㈐ 세 기업의 남자 사원 400명에 대해 현재의 노동 조건에 만족하는가에 관한 설문 조사를 실시한 결과이다. ⊙ ~ ⓔ 중에서 옳은 것을 모두 고른 것은?

구분	불만	보통	만족	계
㈎회사	34	38	50	122
㈏회사	73	11	58	142
㈐회사	71	41	24	136
계	178	90	132	400

⊙ 가장 불만 비율이 높은 기업은 ㈐회사 이다.
ⓛ 보통이라고 회답한 사람이 가장 적은 ㈏회사는 가장 노동조건이 좋은 기업이다.
ⓒ 이 설문 조사에서 노동 조건에 대해 불만을 나타낸 사람은 과반수를 넘지 않는다.
ⓔ 만족이라고 답변한 사람이 가장 많은 ㈏회사가 가장 노동조건이 좋은 회사이다.

① ⊙ⓛ
② ⊙ⓒ
③ ⓛⓒ
④ ⓒⓔ

Q 【07~08】 다음은 어느 지역의 지하철 이용비율을 나타낸 것이다. 물음에 답하시오.

〈연도별 지하철 이용비율〉

(단위 : %)

구분	2019년	2020년	2021년	2022년
1호선	15.0	16.8	24.7	34.2
2호선	25.1	12.8	11.4	16.0
3호선	28.1	34.8	16.5	12.0
4호선	31.8	35.6	47.4	37.8

07 다음 중 옳지 않은 것은?

① 1호선의 이용률은 꾸준히 증가하고 있다.
② 3호선의 이용률은 4년간 50%p 이상 감소하였다.
③ 2019년과 비교할 때 2022년의 4호선의 이용률은 3%p 증가하였다.
④ 2019년 3호선의 이용률이 2022년 1호선의 이용률보다 낮다.

08 2022년 지하철 이용 승객이 총 10,000명이라면 1호선 탑승객은 몇 명인가?

① 3,420명   ② 3,460명

③ 3,510명   ④ 3,620명

09 다음은 어떤 대대의 사격성적에 관한 표이다. 옳지 않은 것은?

	1중대 평균		2중대 평균	
	1소대(17명)	2소대(13명)	1소대(14명)	2소대(16명)
주간 사격	16	14	18	13
야간 사격	11	13	15	10

① 주간 사격의 경우 1중대 평균이 2중대 평균보다 낮다.
② 야간 사격의 경우 1중대 평균이 2중대 평균보다 낮다.
③ 전체 사격 평균의 경우 1중대 2소대의 평균이 2중대 1소대 평균보다 높다.
④ 전체 사격 평균의 경우 1중대 1소대의 평균은 1중대 2소대의 평균과 같다.

10 다음은 어느 학급 전체 학생들의 신장을 나타낸 표이다. 170cm 미만인 학생의 수는?

키(cm)	학생 수(명)
130 이상 ~ 140 미만	1
140 이상 ~ 150 미만	6
150 이상 ~ 160 미만	11
160 이상 ~ 170 미만	10
170 이상 ~ 180 미만	9
180 이상 ~ 190 미만	3
합계	40

① 7명   ② 18명

③ 28명   ④ 37명

11 다음은 위험물안전관리자 실무교육현황에 관한 표이다. 표를 보고 이수율을 구하면? (단, 소수 첫째 자리에서 반올림하시오.)

실무교육현황별(1)	실무교육현황별(2)	2022
계획인원(명)	소계	5,897.0
이수인원(명)	소계	2,159.0
이수율(%)	소계	x
교육일수(일)	소계	35.02
교육회차(회)	소계	344.0
야간/휴일	교육회차(회)	4.0
교육실시현황	이수인원(명)	35.0

① 36.7   ② 41.9

③ 52.7   ④ 66.5

12 다음은 학생들의 SNS((Social Network Service) 계정 소유 여부를 나타낸 표이다. 이에 대한 설명으로 옳지 않은 것은?

(단위 : %)

구분		소유함	소유하지 않음	합계
성별	남학생	49.1	50.9	100
	여학생	71.1	28.9	100
학교급별	초등학생	44.3	55.7	100
	중학생	64.9	35.1	100
	고등학생	70.7	29.3	100

> ㉠ SNS 계정을 소유한 비율은 여학생이 남학생보다 높다.
> ㉡ 학교급별 중 중학생의 SNS 계정 소유 비율이 가장 높다.
> ㉢ 상급 학교 학생일수록 SNS 계정을 소유한 비율이 높다.
> ㉣ 초등학생의 SNS 계정을 소유하지 않는 비율은 중·고등학생 SNS 계정 소유 비율보다 높다.

① ㉠㉡   ② ㉠㉢

③ ㉡㉢   ④ ㉡㉣

Q 【13~14】 다음은 도로교통사고 원인을 연령별로 나타낸 표이다. 물음에 답하시오.

<연령별 교통사고 원인>

(단위 : %)

원인별	20~29세	30~39세	40~49세	50~59세	60세 이상
운전자의 부주의	24.5	26.3	26.4	26.2	29.1
보행자의 부주의	2.4	2.0	2.7	3.6	4.7
교통 혼잡	15.0	14.3	13.0	12.6	12.7
도로구조의 잘못	3.0	3.5	3.1	3.3	2.3
교통신호체계의 잘못	2.1	2.5	2.4	2.1	1.7
질서의식 부족	52.8	51.2	52.3	52.0	49.3
기타	0.2	0.2	0.1	0.2	0.2
합계	100%	100%	100%	100%	100%

13 20~29세 인구가 10만 명이라고 할 때, '도로구조의 잘못'으로 교통사고가 발생하는 수는 몇 명인가?

① 1,000명　　　　　　　　　　　② 2,000명
③ 3,000명　　　　　　　　　　　④ 4,000명

14 주어진 표에서 60세 이상의 인구 중 도로교통사고의 가장 높은 원인과 그 다음으로 높은 원인은 몇 % 차이가 나는가?

① 18.5　　　　　　　　　　　　② 20.2
③ 37.4　　　　　　　　　　　　④ 39.5

15 ○○전기 A지역본부의 작년 한 해 동안의 송전과 배전 설비 수리 건수는 총 238건이다. 설비를 개선하여 올해의 송전과 배전 설비 수리 건수가 작년보다 각각 40%, 10%씩 감소하였다. 올해 수리 건수의 비가 5:3일 경우, 올해의 송전 설비 수리 건수는 몇 건인가?

① 102건   ② 100건

③ 98건   ④ 95건

16 철도 레일 생산업체인 '서원금속'은 A, B 2개의 생산라인에서 레일을 생산한다. 2개의 생산라인을 하루 종일 가동할 경우 3일 동안 525개의 레일을 생산할 수 있으며, A라인만을 가동하여 생산할 경우 하루 90개의 레일을 생산할 수 있다. A라인만을 가동하여 5일간 제품을 생산하고 이후 2일은 B라인만을, 다시 추가로 2일간은 A, B라인을 함께 가동하여 생산을 진행한다면, 서원금속이 생산한 총 레일의 개수는 모두 몇 개인가?

① 940개   ② 970개

③ 1,050개   ④ 1,120개

17 다음 자료를 올바르게 이해한 것은 어느 것인가?

〈사업장 종사자 규모별 근로자 연금 가입 현황〉

(단위 : 천 명)

구분	2020년			2021년		
	전체 가입 근로자	가입 대상 근로자	가입 근로자	전체 가입 근로자	가입 대상 근로자	가입 근로자
합계	5,562	10,588	5,221	5,797	10,830	5,438
5인 미만	139	969	116	150	1,032	126
5~9인	360	1,176	311	399	1,231	344
10~29인	880	1,853	788	941	1,902	840
30~49인	437	791	401	451	797	414
50~99인	609	1,035	567	629	1,049	588
100~299인	875	1,406	834	910	1,429	867
300인 이상	2,262	3,358	2,204	2,317	3,390	2,259

* 가입률=가입 근로자÷가입 대상 근로자×100

① 2021년의 가입 대상 근로자의 증가율보다 가입 근로자의 증가율이 더 높다.
② 규모가 큰 사업장일수록 가입률이 높다.
③ 모든 규모 사업장에서 가입률은 전년보다 더 증가하였다.
④ 2021년도 10~29인 규모의 사업장의 가입률은 전년보다 감소했다.

18 다음은 H사의 전년대비 이익증가율을 나타낸 표이다. 다음 자료를 보고 올바른 판단을 한 것은 어느 것인가?

〈전년대비 이익증가율〉

연도	2020년	2021년	2022년
이익증가율	30%	10%	20%

* 2019년의 이익액을 100으로 가정한다.

① 전년대비 이익증가액이 가장 큰 해는 2022년이다.
② 2020년의 이익은 2021년보다 더 적다.
③ 2021년에는 2019년보다 이익액이 감소했다.
④ 2022년의 이익은 2019년에 비해 약 72% 증가하였다.

19 다음은 10일 간의 학원 아르바이트 현황이다. 맡은 바 업무의 난이도에 따른 기본 책정 보수와 추가수업, 지각 등의 근무 현황이 다음과 같을 경우, 10일 후 지급받는 총 보수액이 가장 많은 사람은 누구인가?

아르바이트생	추가수업(시간)	기본 책정 보수	지각횟수(회)
갑	평일3, 주말3	50만 원	3
을	평일1, 주말3	60만 원	3
병	평일2, 주말2	60만 원	3
정	평일5, 주말1	65만 원	4

- 평일 기본 시급은 10,000원이다.
- 추가수업은 기본 시급의 1.5배, 주말 추가수업은 기본 시급의 2배이다.
- 지각은 1회에 15,000원씩 삭감한다.

① 갑   ② 을

③ 병   ④ 정

20 논벼의 수익성을 다음 표와 같이 나타낼 때, 자료를 바르게 이해하지 못한 것은?

(단위 : 원, %, %p)

구분	2021년	2022년	전년대비	
			증감	증감률
총수입(a)	856,165	974,553	118,388	13.8
생산비(b)	674,340	691,374	17,033	2.5
경영비(c)	426,619	(A)	6,484	1.5
순수익(a)−(b)	181,825	283,179	101,355	55.7
소득(a)−(c)	429,546	541,450	111,904	26.1

* 순수익률=(순수익÷총수입)×100, 소득률=(소득÷총수입)×100

① (A)에 들어갈 수치는 433,103이다.

② 2022년의 순수익률은 33.1%다.

③ 2022년의 소득률은 55.6이다.

④ 2021년과 2022년의 소득률은 모두 50% 이상이다.

21 다음은 학생별 저작물구입 현황에 대한 자료이다. 이에 대한 설명으로 옳지 않은 것은?

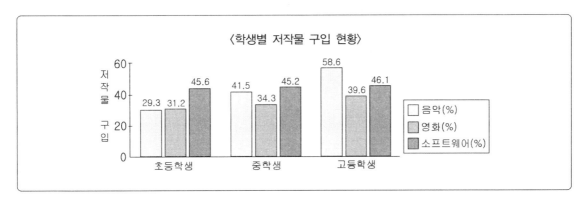

① '음악' 구입 비율은 고등학생이 초·중학생보다 구입 경험의 비율이 높다.
② '소프트웨어' 구입 비율은 학생 구분 없이 차이가 1% 미만이다.
③ 초등학교는 '음악' 구입 비율이 가장 낮고, 나머지는 '영화' 구입 비율이 가장 낮다.
④ 정품 '소프트웨어' 구매한 고등학생과 중학생 간의 학생 수의 차이는 40명이다.

22 다음은 A지역의 창업 신청 건수에 대한 자료이다. 이에 대한 설명 중 옳은 것은?

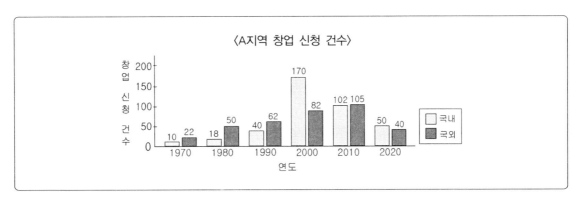

① 1970년 대비 1980년의 창업 신청 건수의 증가는 국외보다 국내가 더 크다.
② 2010년 국내와 국외의 창업 신청 건수는 다른 연도에 비해 차이가 가장 크다.
③ 창업 신청 전체 건수는 2000년대에 가장 많았고 이후 매 기간 감소하였다.
④ 1990년 대비 2000년의 국외 창업 신청 건수 증가율은 25% 이하이다.

23 다음은 (주)서원기업의 재고 관리 사례이다. 금요일까지 부품 재고 수량이 남지 않게 완성품을 만들 수 있도록 월요일에 주문할 A~C 부품 개수로 옳은 것은? (단, 주어진 조건 이외에는 고려하지 않는다.)

〈부품 재고 수량과 완성품 1개당 소요량〉

부품명	부품 재고 수량	완성품 1개당 소요량
A	500	10
B	120	3
C	250	5

〈완성품 납품 수량〉

항목＼요일	월	화	수	목	금
완성품 납품 개수	없음	30	20	30	20

[조건]
1. 부품 주문은 월요일에 한 번 신청하며 화요일 작업 시작 전 입고된다.
2. 완성품은 부품 A, B, C를 모두 조립해야 한다.

	A	B	C
①	100	100	100
②	100	180	200
③	500	100	100
④	500	180	250

24 다음은 어느 캠핑 장비 업체에서 제공하는 렌탈 비용이다. 이에 대한 설명 중 옳지 않은 것은? (단, 연장은 30분 단위로만 가능하다)

종류 요금	기본 요금	연장 요금
A세트	1시간 15,000원	초과 30분당 1,000원
B세트	3시간 17,000원	초과 30분당 1,300원

① 렌트 시간이 5시간이라면, B세트가 A세트보다 더 저렴하다.

② 렌트 시간이 6시간을 초과한다면, B세트가 A세트보다 더 저렴하다.

③ 렌트 시간이 3시간 30분이라면, B세트가 A세트보다 더 저렴하다.

④ B세트의 연장 요금을 30분당 2,000원으로 인상한다면, 4시간 사용 시 A세트 B세트의 요금은 동일하다.

25 어떤 스포츠 용품 회사가 줄의 소재, 프레임의 넓이, 손잡이의 길이, 프레임의 재질 등 4개의 변인이 테니스 채의 성능에 미치는 영향에 관하여 실험하였다. 다음은 최종 실험 결과를 나타낸 것이다. 해석한 것으로 옳지 않은 것은?

성능	변인			
	줄의 소재	프레임의 넓이	손잡이의 길이	프레임의 재질
좋음	천연	넓다	길다	보론
나쁨	천연	좁다	길다	탄소섬유
나쁨	천연	넓다	길다	탄소섬유
나쁨	천연	좁다	길다	보론
좋음	천연	넓다	짧다	보론
나쁨	천연	좁다	짧다	탄소섬유
나쁨	천연	넓다	짧다	탄소섬유
나쁨	천연	좁다	짧다	보론
좋음	합성	넓다	길다	보론
나쁨	합성	좁다	길다	탄소섬유
나쁨	합성	넓다	길다	탄소섬유
나쁨	합성	좁다	길다	보론
좋음	합성	넓다	짧다	보론
나쁨	합성	좁다	짧다	탄소섬유
나쁨	합성	넓다	짧다	탄소섬유
나쁨	합성	좁다	짧다	보론

① 프레임의 넓이가 넓고 재질이 탄소섬유인 경우 모든 제품은 성능이 나쁘다.
② '합성' 소재에서 성능이 좋은 제품을 구입할 때 손잡이의 길이는 무관하다.
③ 프레임의 넓이가 넓은 것은 성능에 큰 영향을 준다.
④ 천연소재에 보론 재질을 구매하는 경우 모든 제품은 성능은 좋다.

26 다음 표에 대한 설명으로 적절하지 않은 것은?

〈소득 수준별 노인의 만성 질병 수〉

(단위 : 만 원, %)

만성 질병 수 소득	없다	1개	2개	3개 이상
50 미만	3.7	19.9	27.3	33.0
50 ~ 99	7.5	25.7	28.3	26.0
100 ~ 149	8.3	29.3	28.3	25.3
150 ~ 199	10.6	30.2	29.8	20.4
200 ~ 299	12.6	29.9	29.0	19.5
300 이상	15.7	25.9	25.4	25.9

① 소득이 가장 낮은 수준의 노인이 3개 이상의 만성 질병을 앓고 있는 비율이 가장 높다.

② 모든 소득 수준에서 만성 질병의 수가 3개 이상인 경우가 4분의 1을 넘는다.

③ 소득 수준이 높을수록 노인들이 만성 질병을 전혀 앓지 않을 확률은 높아진다.

④ 월 소득이 50만 원 미만인 노인이 만성 질병이 없을 확률은 5%에도 미치지 못한다.

27 다음은 연도별 오징어의 포획량을 나타낸 것이다. 이에 대한 설명 중 옳지 않은 것은?

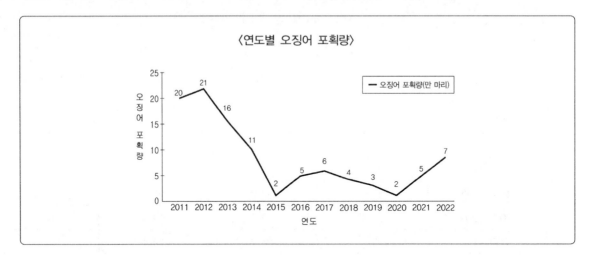

〈연도별 오징어 포획량〉

① 2011년도 대비 2012년도의 오징어 포획량 증가율은 10% 이상이다.
② 2015년도 대비 2022년도의 오징어 포획량 증가율은 200% 이상이다.
③ 2021년은 전년대비 오징어 포획량은 2배 이상 증가했다.
④ 2012년부터 2015년까지 오징어 포획량은 꾸준히 감소했다.

28 다음은 모 대학 합격자 100명의 수리영역과 언어영역의 성적에 대한 상관표이다. 이에 대한 설명으로 옳지 않은 것은?

(단위 : 명)

수리영역 언어영역	55점	65점	75점	85점	95점
95점	–	2	2	–	–
85점	6	12	10	6	–
75점	2	8	12	10	2
65점	–	4	6	12	–
55점	–	–	2	4	–

① 두 영역의 합산 점수가 150점 미만인 합격자는 총 32명이다.
② 두 영역의 합산 점수가 150점을 초과하는 합격자는 총 32명이다.
③ 두 영역의 합산 점수가 150점인 합격자는 36명이다.
④ 두 영역의 합산 점수가 170점이 이상인 합격자는 6명이다.

29 다음은 초고층 건물의 층수 및 실제높이에 대한 조사 결과이다. 층당 높이가 가장 높은 건물과 가장 낮은 건물을 바르게 짝지은 것은? (단, 모든 층의 높이는 같다고 가정한다)

건물 이름	층수	실제높이(m)
A 빌딩	108	442
B 빌딩	102	383
C 빌딩	101	509
D 빌딩	88	452
E 빌딩	88	421
F 빌딩	88	415
G 빌딩	80	391
H 빌딩	69	384

	층당 높이가 가장 높은 건물	층당 높이가 가장 낮은 건물
①	B 빌딩	D 빌딩
②	F 빌딩	E 빌딩
③	G 빌딩	A 빌딩
④	H 빌딩	B 빌딩

30 다음은 2023년 A지역의 쓰레기 처리현황에 대한 자료이다. 이를 통해 알 수 있는 사실이 아닌 것은?

(단위 : 톤)

	발생지 자체 처리	위탁 처리				미처리
		소계	소각	멸균 분쇄	재활용	
합계	2,929	31,088	16,108	14,659	226	33
생활 폐기물	45	877	575	0	226	1
사업장 폐기물	2,884	30,211	15,533	14,659	0	32

※ 쓰레기는 위탁 처리되거나 발생지에서 자체 처리됨.
※ 쓰레기 처리방식에는 소각, 멸균분쇄, 재활용이 있음.

① 2023년에 발생한 생활 폐기물의 양
② 2023년에 발생한 쓰레기의 처리율
③ 2023년에 발생한 생활폐기물의 위탁 처리율
④ 작년 대비 2023년의 쓰레기 처리율 증감

31 수능시험을 자격시험으로 전환하자는 의견에 대한 여론조사결과 다음과 같은 결과를 얻었다면 이를 통해 내릴 수 있는 결론으로 타당하지 않는 것은?

교육수준	중졸 이하		고교중퇴 및 고졸		전문대중퇴 이상		전체	
조사대상지역	A	B	A	B	A	B	A	B
지지율(%)	67.9	65.4	59.2	53.8	46.5	32	59.2	56.8

① 지지율은 학력이 낮을수록 증가한다.
② 조사대상자 중 A지역주민이 B지역주민보다 저학력자의 지지율이 높다.
③ 학력의 수준이 동일한 경우 지역별 지지율에 차이가 나타난다.
④ 조사대상자 중 A지역의 주민수는 B지역의 주민수보다 많다.

Q 【32~33】 다음은 A 해수욕장의 입장객을 연령 · 성별로 구분한 것이다. 물음에 답하시오. (단, 소수 둘째자리에서 반올림한디)

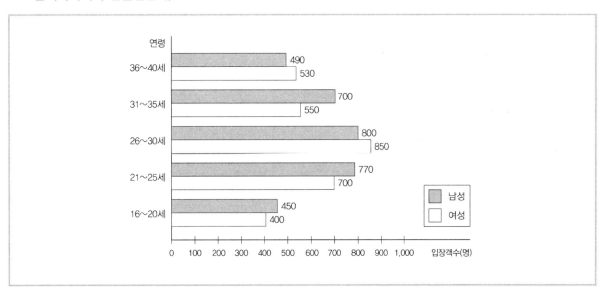

32 21 ~ 25세의 여성 입장객이 전체 여성 입장객에서 차지하는 비율은 몇 %인가?

① 22.5%   ② 23.1%

③ 23.5%   ④ 24.1%

33 다음 설명 중 옳지 않은 것은?

① 전체 남성 입장객의 수는 3,210명이다.

② 26 ~ 30세의 여성 입장객이 가장 많다.

③ 21 ~ 25세는 여성 입장객의 비율보다 남성 입장객의 비율이 더 높다.

④ 26 ~ 30세 여성 입장객수는 전체 여성 입장객수의 25.4%이다.

Q 【34~36】 다음은 우체국 택배물 취급에 관한 기준표이다. 표를 보고 물음에 답하시오.

(단위 : 원/개당)

중량(크기)		2kg까지 (60cm까지)	5kg까지 (80cm까지)	10kg까지 (120cm까지)	20kg까지 (140cm까지)	30kg까지 (160cm까지)
동일지역		4,000원	5,000원	6,000원	7,000원	8,000원
타 지역		5,000원	6,000원	7,000원	8,000원	9,000원
제주지역	빠른(항공)	6,000원	7,000원	8,000원	9,000원	11,000원
	보통(배)	5,000원	6,000원	7,000원	8,000원	9,000원

※ 1) 중량이나 크기 중에 하나만 기준을 초과하여도 초과한 기준에 해당하는 요금을 적용함.
　2) 동일지역은 접수지역과 배달지역이 동일한 시/도이고, 타지역은 접수한 시/도지역 이외의 지역으로 배달되는 경우를 말한다.
　3) 부가서비스(안심소포) 이용 시 기본요금에 50% 추가하여 부가됨.

34 미영이는 서울에서 포항에 있는 보람이와 설희에게 각각 택배를 보내려고 한다. 보람이에게 보내는 물품은 10kg에 130cm이고, 설희에게 보내려는 물품은 4kg에 60cm이다. 미영이가 택배를 보내는 데 드는 비용은 모두 얼마인가?

① 13,000원
② 14,000원
③ 15,000원
④ 16,000원

35 설희는 서울에서 빠른 택배로 제주도에 있는 친구에게 안심소포를 이용해서 18kg짜리 쌀을 보내려고 한다. 쌀 포대의 크기는 130cm일 때, 설희가 지불해야 하는 택배 요금은 얼마인가?

① 19,500원

② 16,500원

③ 15,500원

④ 13,500원

36 ㉠타지역으로 15kg에 150cm 크기의 물건을 안심소포로 보내는 가격과 ㉡제주지역에 보통 택배로 8kg에 100cm 크기의 물건을 보내는 가격을 각각 바르게 적은 것은?

㉠	㉡
① 13,500원	7,000원
② 13,500원	6,000원
③ 12,500원	7,000원
④ 12,500원	6,000원

【37~39】 다음은 주유소 4곳을 경영하는 '갑'기업에서 2022년 VIP 회원의 업종별 구성비율을 지점별로 조사한 표이다. 표를 보고 물음에 답하시오.

구분	대학생	회사원	자영업자	주부	각 지점별
A	10%	20%	40%	30%	10%
B	20%	30%	30%	20%	30%
C	10%	50%	20%	20%	40%
D	30%	40%	20%	10%	20%
전 지점	20%		30%		100%

※ 가장 오른쪽의 '각 지점별'은 각 지점의 회원 수가 전 지점의 회원 총수에서 차지하는 비율을 나타낸다.

37 '갑'기업의 전 지점에서 회원의 수는 회원 총수의 몇 %인가?

① 24% ② 45%

③ 39% ④ 51%

38 A지점의 회원수를 5년 전과 비교했을 때 자영업자의 수가 2배 증가했고 주부회원과 회사원은 1/2로 감소하였으며 그 외는 변동이 없었다면 5년전 대학생의 비율은? (단, A지점의 2022년 VIP회원의 수는 100명이다)

① 7.69% ② 8.53%

③ 8.67% ④ 9.12%

39 B지점의 대학생 회원의 수가 300명일 때 C지점의 대학생 회원의 수는?

① 100명 ② 200명

③ 300명 ④ 400명

Q 【40~41】 다음은 어느 음식점의 메뉴별 판매비율을 나타낸 것이다. 물음에 답하시오.

(단위 : %)

메뉴	2019년	2020년	2021년	2022년
A	17.0	26.5	31.5	36.0
B	24.0	28.0	27.0	29.5
C	38.5	30.5	23.5	15.5
D	14.0	7.0	12.0	11.5
E	6.5	8.0	6.0	7.5

40 다음 중 옳지 않은 것은?

① A메뉴의 판매비율은 꾸준히 증가하고 있다.

② C 메뉴의 판매비율은 4년 동안 50%p 이상 감소하였다.

③ 2019년과 비교할 때 E 메뉴의 2022년 판매비율은 3%p 증가하였다.

④ 2019년 C 메뉴의 판매비율이 2022년 A 메뉴 판매비율보다 높다.

41 2022년 메뉴 판매개수가 1,500개라면 A 메뉴의 판매개수는 몇 개인가?

① 500개　　　　　　　　　② 512개

③ 535개　　　　　　　　　④ 540개

42 인터넷 통신 한 달 요금이 다음과 같은 A, B 두 회사가 있다. 한샘이는 B 회사를 선택하려고 한다. 월 사용시간이 최소 몇 시간 이상일 때, B 회사를 선택하는 것이 유리한가?

A 회사		B 회사	
기본요금	추가요금	기본요금	추가요금
4300원	시간당 900원	20000원	없음

① 13시간   ② 15시간
③ 16시간   ④ 18시간

43 다음은 한국의 자동차 산업 매출액에 대한 자료이다. 이에 대한 설명으로 옳지 않은 것은?

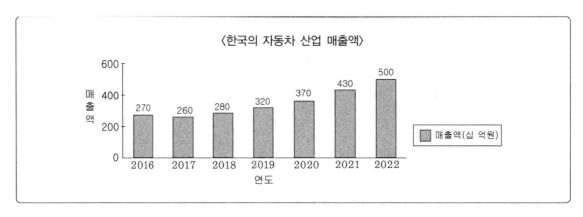

① 2017년 이후의 한국의 자동차 산업 매출액은 점차 증가하였다.
② 2019년 한국의 자동차 산업 매출액 규모는 3,000억 원을 넘어섰다.
③ 2018년부터 2022년까지 산업 매출액이 매년 동일한 폭으로 감소하고 있다.
④ 2021년에서 2022년까지 산업 매출액의 증가폭이 가장 크다.

44 다음은 서원고등학교 A반과 B반의 시험성적에 관한 표이다. 옳지 않은 것은?

분류	A반 평균		B반 평균	
	남학생(20명)	여학생(15명)	남학생(15명)	여학생(20명)
국어	6.0	6.5	6.0	6.0
영어	5.0	5.5	6.5	5.0

① 국어과목의 경우 A반 학생의 평균이 B반 학생의 평균보다 높다.
② 영어과목의 경우 A반 학생의 평균이 B반 학생의 평균보다 낮다.
③ 2과목 전체 평균의 경우 A반 여학생의 평균이 B반 남학생의 평균보다 높다.
④ 2과목 전체 평균의 경우 A반 남학생의 평균은 B반 여학생의 평균과 같다.

Q 【45~46】 다음을 보고 물음에 답하시오.

〈대학교 응시생 수와 합격생 수〉			
분류	응시인원	1차 합격자	2차 합격자
어문학부	3,300명	1,695명	900명
법학부	2,500명	1,500명	800명
자연과학부	2,800명	980명	540명
생명공학부	3,900명	950명	430명
전기전자공학부	2,650명	1,150명	540명

45 자연과학부의 1차 시험 경쟁률은 얼마인가?

① 1 : 1.5   ② 1 : 2.9
③ 1 : 3.4   ④ 1 : 4

46 1차 시험 경쟁률이 가장 높은 학부는?

① 어문학부   ② 법학부

③ 생명공학부   ④ 전기전자공학부

47 다음은 A통신사의 통화 품질관련 문제에 대한 자료이다. 이에 대한 설명으로 옳은 것은?

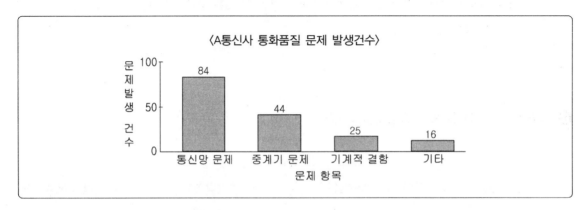

① '통신망 문제'의 발생 건수는 '기타'의 5배 이상이다.

② '통신망 문제'의 발생 건수는 나머지 문제 발생 건수의 합과 동일하다.

③ '통신망 문제', '중계기 문제'가 전체 문제에서 차지하는 비중은 80% 이상이다.

④ A통신사의 분기별 통화 품질 문제 발생 건수는 지속적으로 증가하였다.

48 다음은 한별의 3학년 1학기 성적표의 일부이다. 이 중에서 다른 학생에 비해 한별의 성적이 가장 좋다고 할 수 있는 과목은 ⊙이고, 이 학급에서 성적이 가징 고른 과목은 ⓒ이다. 이 때 ⊙, ⓒ에 해당하는 과목을 차례대로 나타낸 것은?

성적 \ 과목	국어	영어	수학
한별의 성적	79	74	78
학급 평균 성적	70	56	64
표준편차	15	18	16

① 국어, 수학   ② 수학, 국어

③ 영어, 국어   ④ 영어, 수학

49 다음은 어느 학급 전체 학생들이 한 학기 동안 실시한 봉사활동 시간을 도수분포표로 나타낸 것이다. 봉사활동 시간이 22시간 미만인 학생의 수는?

계급(시간)	도수(명)
10 이상 ~ 14 미만	2
14 이상 ~ 18 미만	5
18 이상 ~ 22 미만	8
22 이상 ~ 26 미만	10
26 이상 ~ 30 미만	7
30 이상 ~ 34 미만	3
합계	35

① 5명   ② 10명

③ 15명   ④ 20명

Q 【50~51】 다음은 어느 회사의 직종별 직원 비율을 나타낸 것이다. 물음에 답하시오.

직종	2018년	2019년	2020년	2021년	2022년
판매 · 마케팅	19.0	27.0	25.0	30.0	20.0
고객서비스	20.0	16.0	12.5	21.5	25.0
생산	40.5	38.0	30.0	25.0	22.0
재무	7.5	8.0	5.0	6.0	8.0
기타	13.0	11.0	27.5	17.5	25.0
계	100	100	100	100	100

50 2022년에 직원 수가 1,800명이었다면 재무부서의 직원은 몇인가?

① 119명   ② 123명

③ 144명   ④ 150명

51 2020년 통계에서 생산부나 기타 부서에 속하지 않는 직원의 비율은?

① 42.5%   ② 45.5%

③ 52.5%   ④ 53.5%

Q 【52~53】 2022년 인터넷 쇼핑몰 상품별 거래액에 관한 표이다. 물음에 답하시오.

(단위 : 백만 원)

구분	1월	2월	3월	4월	5월	6월	7월	8월	9월
컴퓨터	200,078	195,543	233,168	194,102	176,981	185,357	193,835	193,172	183,620
소프트웨어	13,145	11,516	13,624	11,432	10,198	10,536	45,781	44,579	42,249
가전 · 전자	231,874	226,138	251,881	228,323	239,421	255,383	266,013	253,731	248,474
서적	103,567	91,241	130,523	89,645	81,999	78,316	107,316	99,591	93,486
음반 · 비디오	12,727	11,529	14,408	13,230	12,473	10,888	12,566	12,130	12,408
여행 · 예약	286,248	239,735	231,761	241,051	288,603	293,935	345,920	344,391	245,285
아동 · 유아용	109,344	102,325	121,955	123,118	128,403	121,504	120,135	111,839	124,250
음 · 식료품	122,498	137,282	127,372	121,868	131,003	130,996	130,015	133,086	178,736

52 1월 컴퓨터 상품 거래액의 다음 달 거래액과 차이는?

① 4,455백만 원
② 4,535백만 원
③ 4,555백만 원
④ 4,655백만 원

53 1월 서적 상품 거래액은 음반 · 비디오 상품의 몇 배인가? (소수 둘째자리까지 구하시오)

① 8.13
② 9.15
③ 10.7
④ 11.26

Q 【54~55】 다음은 2014~2022년 서울시 거주 외국인의 국적별 인구 분포 예시자료이다. 표를 보고 물음에 답하시오.

(단위 : 명)

국적 \ 연도	2014년	2015년	2016년	2017년	2018년	2019년	2020년	2021년	2022년
대만	3,011	2,318	1,371	2,975	8,908	8,899	8,923	8,974	8,953
독일	1,003	984	937	997	696	681	753	805	790
러시아	825	1,019	1,302	1,449	1,073	927	948	979	939
미국	18,763	16,658	15,814	16,342	11,484	10,959	11,487	11,890	11,810
베트남	841	1,083	1,109	1,072	2,052	2,216	2,385	3,011	3,213
영국	836	854	977	1,057	828	848	1,001	1,133	1,160
인도	491	574	574	630	836	828	975	1,136	1,173
일본	6,332	6,703	7,793	7,559	6,139	6,271	6,710	6,864	6,732
중국	12,283	17,432	21,259	22,535	52,572	64,762	77,881	119,300	124,597
캐나다	1,809	1,795	1,909	2,262	1,723	1,893	2,084	2,300	2,374
프랑스	1,180	1,223	1,257	1,360	1,076	1,015	1,001	1,002	984
필리핀	2,005	2,432	2,665	2,741	3,894	3,740	3,646	4,038	4,055
호주	838	837	868	997	716	656	674	709	737
서울시 전체	57,189	61,920	67,908	73,228	102,882	114,685	129,660	175,036	180,857

※ 2개 이상 국적을 보유한 자는 없는 것으로 가정함.

54 2022년에 서울시에 거주하는 외국인 중 가장 많은 국적은?

① 미국
② 인도
③ 중국
④ 일본

55 서울시 거주 외국인의 연도별 국적별 분포 자료에 대한 해석으로 옳은 것은?

① 서울시 거주 인도국적 외국인 수는 2016~2022년 사이에 매년 꾸준히 증가하였다.

② 2021년 서울시 거주 전체 외국인 중 중국국적 외국인이 차지하는 비중은 60% 이상이다.

③ 2015~2022년 사이에 서울시 거주 외국인 수가 매년 증가한 국적은 3개이다.

④ 2014년 서울시 거주 전체 외국인 중 일본국적 외국인과 캐나다국적 외국인의 합이 차지하는 비중은 2021년 서울시 거주 전체 외국인 중 대만국적 외국인과 미국국적 외국인의 합이 차지하는 비중보다 작다.

56 다음은 '갑'기업의 기본급과 추가 수당 구분표이다. 이를 적용한 설명으로 옳지 않은 것은?

〈기본급 구분표〉

직원명	기본급
A	200만 원
B	210만 원
C	220만 원
D	230만 원
E	240만 원
F	250만 원

〈추가수당 구분표〉

근무년수	추가수당
5년차	기본급의 25%
6년차	기본급의 30%
7년차	기본급의 35%
8년차	기본급의 40%
9년차	기본급의 45%
10년차	기본급의 50%

① 근무 5년차인 A와 6년차인 B의 지급액 차이는 30만 원 이하이다.

② 근무 5년차인 A와 7년차인 C의 지급액 차이는 40만 원 이상이다.

③ 근무 9년차 E의 지급액은 5년차인 A의 2배 이상이다.

④ 근무 10년차 F의 지급액은 5년차인 A의 1.5배 이상이다.

57 다음은 A기업에서 승진시험을 시행한 결과이다. 시험을 치른 200명의 국어와 영어의 점수 분포가 다음과 같을 때 국어에서 30점 미만을 얻은 사원의 영어 평균 점수의 범위는?

(단위 : 명)

영어(점) \ 국어(점)	0~9	10~19	20~29	30~39	40~49	50~59	60~69	70~79	80~89	90~100
0~9	3	2	3							
10~19	5	7	4							
20~29			6	5	5	4				
30~39				10	6	3	1	3	3	
40~49				2	9	10	2	5	2	
50~59				2	5	4	3	4	2	
60~69				1	3	9	24	10	3	
70~79					2	18				
80~89						10				
90~100										

① 9.3 ~ 18.3

② 9.5 ~ 17.5

③ 10.2 ~ 12.3

④ 11.6 ~ 15.4

58 다음은 A 회사의 2010년과 2020년의 출신 지역 및 직급별 임직원 수에 대한 자료이다. 이에 대한 설명으로 옳지 않은 것은?

〈2010년의 출신 지역 및 직급별 임직원 수〉

(단위 : 명)

직급＼지역	서울·경기	강원	충북	충남	경북	경남	전북	전남	합
이사	0	0	1	1	0	0	1	1	4
부장	0	0	1	0	0	1	1	1	4
차장	4	4	3	3	2	1	0	3	20
과장	7	0	7	4	4	5	11	6	44
대리	7	12	14	12	7	7	5	18	82
사원	19	38	41	37	11	12	4	13	175
계	37	54	67	57	24	26	22	42	329

〈2020년의 출신 지역 및 직급별 임직원 수〉

(단위 : 명)

직급＼지역	서울·경기	강원	충북	충남	경북	경남	전북	전남	합
이사	3	0	1	1	0	0	1	2	8
부장	0	0	2	0	0	1	1	0	4
차장	3	4	3	4	2	1	1	2	20
과장	8	1	14	7	6	7	18	14	75
대리	10	14	13	13	7	6	2	12	77
사원	12	35	38	31	8	11	2	11	148
계	36	54	71	56	23	26	25	41	332

① 출신 지역을 고려하지 않을 때, 2010년 대비 2020년에 직급별 인원의 증가율은 이사 직급에서 가장 크다.

② 출신 지역별로 비교할 때, 2020년의 경우 해당 지역 출신 임직원 중 과장의 비율은 전라북도가 가장 높다.

③ 2010년에 비해 2020년에 과장의 수는 증가하였다.

④ 2010년에 비해 2020년에 대리의 수가 늘어난 출신 지역은 대리의 수가 줄어든 출신 지역에 비해 많다.

Q 【59~60】 다음은 A회사의 기간별 제품출하량을 나타낸 표이다. 물음에 답하시오.

기간	제품 X(개)	제품 Y(개)
1월	254	343
2월	340	390
3월	541	505
4월	465	621

59 Y제품 한 개를 3,500원에 출하하다가 재고정리를 목적으로 4월에만 한시적으로 20% 인하하여 출하하였다. 1월부터 4월까지 총 출하액은 얼마인가?

① 5,274,500원　　　　　　　　　　　② 5,600,000원

③ 6,071,800원　　　　　　　　　　　④ 6,506,500원

60 다음 중 틀린 것을 고르면?

① 3월을 제외하고는 제품 Y의 출하량이 제품 X의 출하량보다 많다.

② 1월부터 4월까지 제품 X의 총 출하량은 제품 Y의 총 출하량보다 적다.

③ 제품 X 한 개를 3,000원에 출하하고 제품 Y 한 개를 2,700원에 출하한다고 할 때, 1월부터 4월까지 총 출하액은 제품 X가 더 많다.

④ 제품 X를 3월에 한 개당 1,000원에 출하하고 4월에 1,200원에 출하한다고 할 때, 제품 X의 4월 출하액 이 3월 출하액보다 많다.

61 다음은 지역별 백 명당 5G 무제한 요금제 가입자 수에 대한 자료이다. 이에 대한 설명으로 옳지 않은 것은?

(단위 : 백 명)

연도	A지역	B지역	C지역	D지역	E지역	F지역	G지역
2018년	0.9	17.2	4.5	3.7	2.2	0.6	3.8
2019년	1.8	21.8	6.9	8.4	6.1	2.3	7.0
2020년	3.5	24.2	9.7	14.3	10.7	5.4	11.8
2021년	7.7	24.8	12.9	18.2	15.0	10.5	19.0
2022년	13.8	25.4	16.8	26.7	17.6	15.9	25.4

① 2021년 C지역의 5G 무제한 요금제 가입자 수는 1,290명이다.
② 2019년 D지역과 E지역의 5G 무제한 요금제 가입자 수의 합은 F지역과 G지역의 가입자 수의 합보다 많다.
③ 2018년 대비 2019년 백 명당 5G 무제한 요금제 가입자 수 증가율은 D지역이 A지역보다 높다
④ '와이파이 설치율'이 높은 나라일수록 '5G 무제한 요금제 가입자 수'가 적다.

Ⓠ **【62~63】** 다음은 A, B, C, D시의 지난해 남성과 미성년자의 비율을 나타낸 것이다.

구분	A시	B시	C시	D시
인구(만명)	45	62	47	28
남성비율(%)	52	48	55	43
미성년자 비율(%)	19	18	21	10

62 올해 A시의 작년 미성년자의 3%가 성인이 되었다. 올해 성인이 된 사람은 몇 명인가?

① 2,525명
② 2,545명
③ 2,565명
④ 2,575명

63 위 표에 대한 설명으로 옳은 것은?

① A시의 남성 수는 B시의 여성 수와 같다.

② 남성 수가 가장 많은 곳은 C시이다.

③ B시가 여성 미성년자가 가장 많다.

④ B시의 미성년자가 C시의 미성년자보다 많다.

64 다음 표는 어느 학생의 시험성적을 월별로 표시한 것이다. 표를 보고 유추한 내용으로 옳지 않은 것은?

월	1	2	3	4	5	6	7	8	9	10	11	12
국어(점)	72	75	79	89	92	87	87	81	78	76	84	86
수학(점)	93	97	100	100	82	84	85	76	89	91	94	84

① 두 과목 평균이 가장 높은 달은 4월이다.

② 두 과목 평균이 가장 낮은 달은 9월이다.

③ 6월은 5월에 비해 평균이 1.5점 떨어졌다.

④ 평균이 세 번째로 높은 달은 11월이다.

65 학생수가 600명인 갑 고등학교에서 학생회장 선거가 열렸다. A, B, C 세 후보가 출마하였고 득표현황은 아래의 표와 같다. 전교생이 투표에 참석하였고 득표수가 40%를 초과하면 당선이 확정된다고 할 때, A가 당선을 확정지으려면 몇 표를 더 얻어야 하는가?

후보자	A	B	C
득표수	188	112	96

① 53표   ② 58표

③ 63표   ④ 68표

66 한 부서에 5명씩 신입 사원을 배치하면 3명이 남고, 6명씩 배치하면 마지막 부서에는 4명보다 적게 배치된다. 부서는 적어도 몇 개인가?

① 2개   ② 6개

③ 9개   ④ 10개

67 꽃다발 한 개에 장미를 4송이씩 넣으면 6송이가 남고, 5송이씩 넣으면 하나의 꽃다발에는 장미의 개수가 모자란다. 꽃가게에서 주문 받은 꽃다발은 최소 몇 개인가?

① 5개   ② 6개

③ 7개   ④ 8개

68 어느 자격증 시험에 응시한 남녀의 비는 4 : 3, 합격자의 남녀의 비는 5 : 3, 불합격자 남녀의 비는 1 : 1이다. 합격자가 160명일 때, 전체 응시 인원은 몇 명인가?

① 60명   ② 180명

③ 220명   ④ 280명

69 채용시험의 상식테스트에서 정답을 맞히면 10점을 얻고, 틀리면 8점을 잃는다. 총 15개의 문제 중에서 총점 100점 이상 얻으려면 최대 몇 개의 오답을 허용할 수 있는가?

① 1개   ② 2개

③ 3개   ④ 4개

70 사무실의 적정 습도를 맞추는데, A가습기는 16분, B가습기는 20분 걸린다. A가습기를 10분 동안만 틀고, B 가습기로 적정 습도를 맞춘다면 B가습기 작동시간은?

① 6분 30초   ② 7분
③ 7분 15초   ④ 7분 30초

71 어떤 제품을 만들어서 하나를 팔면 이익이 5,000원 남고, 불량품을 만들게 되면 10,000원 손실을 입게 된다. 이 제품의 기댓값이 3,500원이라면 이 제품을 만드는 공장의 불량률은 몇 %인가?

① 4%   ② 6%
③ 8%   ④ 10%

72 한 건물에 A, B, C 세 사람이 살고 있다. A는 B보다 12살이 많고, C의 나이의 2배보다 4살이 적다. 또한 B 와 C는 동갑이라고 할 때 A의 나이는 얼마인가?

① 16살   ② 20살
③ 24살   ④ 28살

73 스마트폰 X의 원가에 20%의 이익을 붙여서 정가를 책정하였다. 이벤트로 9만원을 할인해 팔아서 원가의 2% 의 이익을 얻었다면 스마트폰 X의 원가는 얼마인가?

① 400,000원   ② 450,000원
③ 500,000원   ④ 550,000원

74 경수가 달리기를 하는데 처음에는 초속 6m의 속력으로 뛰다가 반환점을 돈 후에는 분속 90m의 속력으로 걸어서 30분 통안 4.5km를 운동했다면 출발지에서 반환점까시의 거리는?

① 2,400m
② 3,000m
③ 3,600m
④ 4,000m

75 기차가 시속 72km로 달리고 있다. 이 기차가 선로상의 한 지점을 통과할 때 15초가 걸린다면 기차의 길이는 얼마인가?

① 100m
② 200m
③ 300m
④ 400m

76 15%의 소금물과 10%의 소금물을 섞어 12%의 소금물 500g을 만들기로 하였다. 다음 중 15%의 소금물의 무게는?

① 200g
② 250g
③ 300g
④ 350g

77 현재 아버지의 나이는 형의 나이의 3배이며, 형의 나이는 동생의 나이의 2배이다. 4년 전에 아버지의 나이가 형의 나이의 4배일 때, 아버지와 동생의 나이 차는?

① 24
② 26
③ 28
④ 30

78 지수가 낮잠을 자는 동안 엄마가 집에서 마트로 외출을 했다. 곧바로 잠에서 깬 지수는 엄마가 출발하고 10분 후 엄마의 뒤를 따라 마트로 출발했다. 엄마는 매분 100m의 속도로 걷고, 지수는 매분 150m의 속도로 걷는다면 지수는 몇 분 만에 엄마를 만나게 되는가?

① 10분   ② 20분

③ 30분   ④ 40분

79 그림과 같이 P도시에서 Q도시로 가는 길은 3가지이고, Q도시에서 R도시로 가는 길은 2가지이다. P도시를 출발하여 Q도시를 거쳐 R도시로 가는 방법은 모두 몇 가지인가?

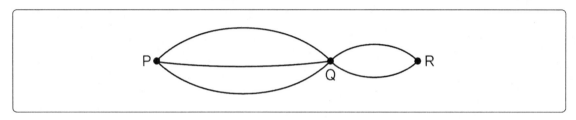

① 3가지   ② 4가지

③ 5가지   ④ 6가지

80 다음은 업무 평가 점수 평균이 같은 다섯 팀의 표준편차를 나타낸 것이다. 직원들의 평가 점수가 평균에 가장 가깝게 분포되어 있는 팀은?

팀	인사팀	영업팀	총무팀	홍보팀	관리팀
표준편차	$\sqrt{23}$	$\sqrt{10}$	5	$\sqrt{15}$	3

① 인사팀   ② 영업팀

③ 총무팀   ④ 관리팀

PART

03

상황판단검사
및 직무성격검사

01 상황판단검사

※ 상황판단검사는 주어진 상황에서 응시자의 행동을 파악하기 위한 자료로서 별도의 정답이 존재하지 않습니다.

Q 다음 상황을 읽고 제시된 질문에 답하시오. 【01~15】

01

> 당신은 차량정비관이다. 오늘은 영내에 1대 있는 구난차량의 월간정비 날이다. 월간정비를 하려면 반나절 이상의 시간이 소요된다. 그러나 영외 훈련을 나간 중대장으로부터 차량에서 이상한 소리가 난다며 구난차량이 필요하다고 연락이 왔고, 통제실에서는 타 대대 차량 협조가 불가능하다고 통보해 왔다. 정비장교도 구난차량 출동을 우선하자고 이야기 한다.
>
> 이 상황에서 당신이 ⓐ 가장 할 것 같은 행동은 무엇입니까?
> ⓑ 가장 하지 않을 것 같은 행동은 무엇입니까?

ⓐ **가장 할 것 같은 행동** ( )
ⓑ **가장 하지 않을 것 같은 행동** ( )

선 택 지

① 소리만으로는 별 문제 없으니 괜찮다고 연락 후 구난차량의 월간정비를 실시한다.

② 상관인 정비장교의 말에 따라 출동한다.

③ 구난차량 월간정비를 실시하지 못함으로서 발생하는 사고에 대해 책임질 수 없음을 명확히 한다.

④ 약식정비를 실시한 뒤 늦게나마 구난차량을 출동시킨다.

⑤ 정비관으로서 정비를 소홀히 할 수 없다. 출동이 불가함을 알린 후 월간정비를 실시한다.

02

당신은 수송대대의 하사이다. 며칠 전 당신의 중대는 무사고 1000일을 달성하였다. 어느 날 운행 중에 당신의 잘못으로 민간인 차량과 접촉사고가 났으나, 가벼운 사고라 아무도 다치지도 않고 차량만이 약간 파손되었다. 수리비를 합의하기로 했으나 선탑소위는 사고가 났으니 보고를 해야 한다고 말한다. 넘어갈 수 있을만한 사고이나, 보고를 올리면 중대 무사고가 깨질 것이고, 징계가 주어질 것이다.

이 상황에서 당신이 ⓐ 가장 할 것 같은 행동은 무엇입니까?

ⓑ 가장 하지 않을 것 같은 행동은 무엇입니까?

ⓐ 가장 할 것 같은 행동 　　　　　　　　　　　　　　　　(　　　)

ⓑ 가장 하지 않을 것 같은 행동 　　　　　　　　　　　　　(　　　)

선 택 지

① 가벼운 접촉사고이니 보고할 필요 없다고 소위를 설득한다.

② 선임부사관에게 상담을 요청하여 지시대로 한다.

③ 순순히 사고를 인정하고 보고를 하여 징계를 받는다.

④ 민간인과 합의하여 사고를 없던 일로 한다.

⑤ 보고를 하되 가벼운 사고임을 역설하여 중대 무사고를 지킨다.

03

당신은 야간에 당직사관으로 근무 중이다. 취침시간 이후에 생활관이 소란스러워 병사들에게 자초지종을 묻자 병사들은 아무일도 아니라고 대답했다. 그러나 병사 출신 부사관으로서 병영부조리를 비교적 잘 알고 있는 당신은 병영부조리가 일어났음을 확신했다.

이 상황에서 당신이 ⓐ 가장 할 것 같은 행동은 무엇입니까?

ⓑ 가장 하지 않을 것 같은 행동은 무엇입니까?

ⓐ 가장 할 것 같은 행동 　　　　　　　　　　　　　　　　　　　(　　　)
ⓑ 가장 하지 않을 것 같은 행동 　　　　　　　　　　　　　　　　　(　　　)

선 택 지

① 병사들을 믿고 내버려 둔다.

② 당사자를 불러내어 면담을 실시한다.

③ 통제실에 병영부조리가 일어났음을 보고하고 조치를 받는다.

④ 당사자를 불러내 개인적인 얼차려를 준다.

⑤ 전 인원을 깨워 병영부조리에 대한 보고사항을 쓰게 한다.

04

> 당신은 포반장이다. 즉각사격 준비태세 대기 중이다. 포탄사격 필수요원인 1번 사수 B상병은 속이 좋지 않다며 화장실을 급히 다녀오겠다고 한다. 전포사격통제관(사통관)은 즉각사격 준비태세 해지 후 화장실을 다녀오라고 한다. 부사수인 C일병은 대리 임수수행이 가능하다며 자신감을 표출하였다. 이 상황에서 당신이 ⓐ 가장 할 것 같은 행동은 무엇입니까?
> ⓑ 가장 하지 않을 것 같은 행동은 무엇입니까?

ⓐ 가장 할 것 같은 행동 　　　　　　　　　　　　　　　　　　(　　　)
ⓑ 가장 하지 않을 것 같은 행동 　　　　　　　　　　　　　　　(　　　)

선 택 지

① B상병에게 급히 화장실에 다녀올 것을 지시한다.

② 화장실까지 다녀오기엔 시간이 많이 소요되는 만큼 포반 근처에서 해결할 것을 지시한다.

③ C일병이 임무수행 가능한지 확인한 후 B상병의 화장실을 허락한다.

④ B상병이 전포사격통제관과 직접 이야기해 볼 것을 지시한다.

⑤ 사통관보다 상급자인 전포대장에게 보고하여 조치한다.

05

당신은 선임소대장이다. 중대장은 휴가 중이어서 당신이 대리 임무를 수행중이다. 대대장 주관 회의에 중대장도 참석하라는 통보가 내려왔다. 작전과장은 당신이 오지 말고 행정보급관을 참석시키라 지시하였다. 행정보급관은 내일부터 시작하는 진지공사를 위해선 지금 출타하여 물품을 구매해야 한다며 회의참석이 어려움을 밝혔다.

이 상황에서 당신이 ⓐ 가장 할 것 같은 행동은 무엇입니까?

ⓑ 가장 하지 않을 것 같은 행동은 무엇입니까?

ⓐ 가장 할 것 같은 행동 　　　　　　　　　　　　　　　　　　　(　　)
ⓑ 가장 하지 않을 것 같은 행동 　　　　　　　　　　　　　　　　(　　)

선 택 지

① 작전과장에게 행정보급관의 회의 참석이 어려움을 밝히고, 선임소대장이 참석한다.

② 행정보급관에게 회의 참석 후 출타할 것을 지시한다.

③ 중대 내 다른 간부가 행정보급관을 대신하여 물품을 구매토록 조치한다.

④ 중대장 대리 임무중인 당신이 회의에 참석한다.

⑤ 행정보급관과 당신이 함께 회의에 참석하여 양해를 구하고 행정보급관이 출타토록 한다.

06

> 당신은 부소대장이다. 평소 소대장의 강압적인 태도와 독선적인 소대운영에 불만이 있다. 소대원들도 소대장에 대한 불만을 토로하고 있다. 중대장에게 소대장의 지휘 방식 등을 보고하였으나 적절한 조치가 취해지지 않았다. 행정보급관은 몇 달 지나면 소대장이 전역을 한다며 참으라고 한다. A이병은 소대장 때문에 소대를 바꾸고 싶다며 당신에게 상담을 신청하였다.
>
> 이 상황에서 당신이 ⓐ 가장 할 것 같은 행동은 무엇입니까?
>
> ⓑ 가장 하지 않을 것 같은 행동은 무엇입니까?

ⓐ 가장 할 것 같은 행동 　　　　　　　　　　　　　　　　　　　　　　　(　　　)

ⓑ 가장 하지 않을 것 같은 행동 　　　　　　　　　　　　　　　　　　　　(　　　)

선 택 지

① 소대장 때문에 힘들다며 대대장에게 소원수리 한다.

② 대대 주임원사에게 소대장 교체를 요청한다.

③ A이병의 어려움을 중대장에게 알리고, 소대장 교체를 다시금 강하게 요청한다.

④ 소대장에게 당신과 소대원들의 입장을 명확히 이야기한다.

⑤ 전역하는 소대원에게 신문고 등을 활용하여 민원 제기해 줄 것을 부탁한다.

07

당신은 사관후보생이다. 교육간 성적은 차후 군 장기복무 선발, 진급 등에 영향을 준다. 필기 시험간 부정행위를 하는 동기 교육생을 발견하였다. 훈육장교는 부정행위 등이 있는 경우 잘못된 동기애를 발휘하지 말고 즉각 보고할 것을 언급한바 있다. 지난번 A교육생이 동기의 부정한 행위를 훈육장교에게 보고하였으나 적법한 처리가 이뤄지지 않았던 것으로 판단되며, 오히려 보고했던 A교육생만 입장이 난처해 진 것을 확인한 바 있다.

이 상황에서 당신이 ⓐ 가장 할 것 같은 행동은 무엇입니까?

ⓑ 가장 하지 않을 것 같은 행동은 무엇입니까?

ⓐ **가장 할 것 같은 행동** ( )
ⓑ **가장 하지 않을 것 같은 행동** ( )

선 택 지

① 교육간 성적은 향후 군 생활에 큰 영향을 미치는 만큼 부정한 행위를 즉각 훈육관에게 보고토록 한다.

② 지난 A교육생의 사례를 참고하여 동기의 부정행위를 보고하지 않는다.

③ 성적도 중요하지만 동기애가 더 중요하다 판단하여 따로 조치를 취하지 않는다.

④ 훈육장교에게 보고시 조치가 없을 수 있는 만큼 훈육대장에게 직접 부정행위를 보고한다.

⑤ 부정행위를 했던 동기 교육생에게 따끔하게 주의를 준다.

08

> 당신은 소대장이다. 전역을 한 달 앞두고 있다. 하지만 2주 후 중대평가(훈련)가 계획되어 있어 중대
> 장은 당신이 평가를 마치고 이임하기를 바란다. 당신 동기들은 일찌감치 소대장을 이임하고 전역 전
> 휴가를 보내고 있다. 통상 전역 전에는 훈련에 참가하지 않는다. 당신도 휴가를 나가 토익시험 응시
> 와 회사 면접을 보는 등 전역준비를 할 예정이었다.
> 이 상황에서 당신이 ⓐ 가장 할 것 같은 행동은 무엇입니까?
>   ⓑ 가장 하지 않을 것 같은 행동은 무엇입니까?

ⓐ 가장 할 것 같은 행동   (   )
ⓑ 가장 하지 않을 것 같은 행동   (   )

선 택 지

① 군생활의 마지막을 아름답게 마무리하기 위해 중대평가에 참여한다.

② 전역 후 삶이 중요한 만큼 계획대로 휴가를 나간다.

③ 후임 소대장에게 중대평가 전까지 인수인계를 철저히 한다.

④ 부소대장 및 소대원들의 의견을 묻고 중대평가 참여 여부를 결정한다.

⑤ 전역준비의 필요성을 언급하여 중대장 및 소대원들을 최대한 설득한다.

09

당신은 부소대장이다. 휴가 중 소대장으로부터 전화가 지속적으로 오고 있다. 몇 차례 수신하였으나 이후에도 한 시간 간격으로 전화가 걸려와 휴가를 보내기 어려운 상황이다. 친분 있는 다른 부소대장에게 확인하니 중대에 급하거나 특별한 일도 없다고 한다. 반면 소대장은 휴가만 나가면 전화통화가 되지 않아 업무상 당신이 곤란했던 경험이 있다.

이 상황에서 당신이 ⓐ 가장 할 것 같은 행동은 무엇입니까?

　　　　　　　ⓑ 가장 하지 않을 것 같은 행동은 무엇입니까?

ⓐ 가장 할 것 같은 행동　　　　　　　　　　　　　　　　(　　　　)

ⓑ 가장 하지 않을 것 같은 행동　　　　　　　　　　　　(　　　　)

선 택 지

① 소대장에게 지금 휴가 중임을 강조하고 전화 자제를 부탁한다.

② 중요하지 않은 일인 만큼 전화를 받지 않고 휴가에 집중한다.

③ 소대장처럼 동일하게 전화를 일체 수신하지 않는다.

④ 중대장에게 전화하여 소대장의 다발성 전화발신을 보고하고 조치를 요구한다.

⑤ 전화가 오면 수신거부 문자를 발송한다.

10

> 당신은 연대에서 초임 부사관 집체교육을 받고 있다. 병 출신 부사관으로 자대 병영부조리를 비교적 잘 알고 있다. 연대주임원사가 초임 부사관 상담간 당신에게 병영부조리 행태를 묻는다. 책에 나온 사례가 아닌 현장의 생생한 이야기를 요구하고 있다. 함께 교육을 받고 있는 동기들은 병영부조리에 대해서 막연히 알고 있는 듯하다.
>
> 이 상황에서 당신이 ⓐ 가장 할 것 같은 행동은 무엇입니까?
> ⓑ 가장 하지 않을 것 같은 행동은 무엇입니까?

ⓐ 가장 할 것 같은 행동   (   )
ⓑ 가장 하지 않을 것 같은 행동   (   )

선 택 지

① 동기들이 자대배치 후 병영부조리를 빠르게 파악하고 바로잡을 수 있도록 생생하게 말해준다.

② 현재 복무중인 병사들이 불이익을 받을 수 있는 만큼 수위를 조절하여 발언한다.

③ 연대주임원사에게만 따로 보고하고, 동기들에게는 병영부조리를 언급하지 않는다.

④ 잘못된 병영부조리가 바로 척결될 수 있도록 병영부조리에 대해 실명을 거론하여 언급한다.

⑤ 병영부조리가 없었다고 에둘러 이야기 한다.

11

당신은 대위로 전역 후 재입대한 부사관이다. 당신의 나이는 30살인데 반해 동기들은 20대 초반이다. 동기들은 사적인 모임에서 당신을 "형"이라 호칭한다. 자대에 근무 중인 선임 부사관들도 껄끄러워 하는 분위기이다. 당신이 부담스러운지 상급자로부터 하달되는 업무가 적어 편하다. 대대주임원사는 당신에게 부대 부사관들과 원만히 지낼 것을 충고하였다.

이 상황에서 당신이 ⓐ 가장 할 것 같은 행동은 무엇입니까?

ⓑ 가장 하지 않을 것 같은 행동은 무엇입니까?

ⓐ 가장 할 것 같은 행동 ( )
ⓑ 가장 하지 않을 것 같은 행동 ( )

선 택 지

① 당신을 어렵게 느끼지 않도록 많이 웃고 가벼운 행동을 자주한다.

② 주임원사를 찾아가 억울함을 호소한다.

③ 공식적인 자리에서 업무를 많이 달라며 일에 대한 의욕을 보인다.

④ 동기들에게 호칭을 형이라 부르지 말도록 하고, 선임 부사관들의 사적인 일을 돕는다.

⑤ 매사 적극적으로 업무하고, 선임들을 깎듯이 대한다.

12

> 당신은 수색대대 소대장이다. 민통선을 출입하는 검문소를 담당하고 있다. 출입명단에 등록되지 않은 A씨가 출입을 요구하고 있다. 평소 안면이 있는 지역 이장 B씨도 당신에게 전화를 하여 A씨 신원을 보장한다며 잠시만 출입시켜 달라 이야기하고 있다. A씨 차량 때문에 다른 사람들도 검문소 출입을 못하고 있는 실정이다.
>
> 이 상황에서 당신이 ⓐ 가장 할 것 같은 행동은 무엇입니까?
>
> ⓑ 가장 하지 않을 것 같은 행동은 무엇입니까?

ⓐ 가장 할 것 같은 행동　　　　　　　　　　　　　　　　（　　　　）

ⓑ 가장 하지 않을 것 같은 행동　　　　　　　　　　　　（　　　　）

선 택 지

① 출입명단에 등록되지 않은 A씨 출입을 불허한다.

② A씨 차량을 갓길로 빼놓고 대대에 출입을 문의한다.

③ 이장에게 규정을 언급하고 A씨에게 출입의 어려움을 이야기해 달라고 한다.

④ 지역사회와 관계를 고려하여 A씨의 출입을 허용한다.

⑤ 중대장에게 보고하고 검문소 상황 해결을 부탁한다.

13

> 당신은 대대 위병조장(하사)으로 근무 중이다. 상급부대에서 위병소 근무실태 점검을 나온다는 이야기가 있었다. 당신은 화장실을 가고 싶으나 위병소 내 화장실이 동파되어 약 100m 이격된 본청 화장실을 이용해야하기 때문에 시간이 상당히 소요될 것 같다. 함께 근무 중인 B병장은 상급부대 점검을 부담스러워한다. 대대 당직사령도 위병소 근무자 정위치를 강조한 바 있다.
>
> 이 상황에서 당신이 ⓐ 가장 할 것 같은 행동은 무엇입니까?
>
>   ⓑ 가장 하지 않을 것 같은 행동은 무엇입니까?

ⓐ 가장 할 것 같은 행동   (   )
ⓑ 가장 하지 않을 것 같은 행동   (   )

선 택 지

① 인접부대 동기들에게 전화히여 상급부대 점검 여부를 확인히고, 화장실을 다녀온다.

② 당직사관에게 보고 후 화장실을 급히 다녀온다.

③ 상급부대 근무실태 점검 후 화장실을 다녀온다.

④ B병장에게 점검시 행동요령을 숙지시킨 후 화장실을 다녀온다.

⑤ B병장을 안심시킨 후 빠르게 화장실을 다녀온다.

14

> 당신은 사단 신병교육대 담당 소대장이다. 일부 조교들이 신병들에게 군기를 운운하며 과도한 얼차려를 부과한다는 이야기가 들리고 있다. 평소 당신과 친하게 지내는 A일병에게 물으니 얼차려를 부과하는 것을 목격한 적은 있으나 과도한지 여부는 모르겠다고 한다. 선임소대장은 현안 업무도 많은데 신병들이 직접 이야기 한 것이 아니면 업무에 집중하라고 한다.
>
> 이 상황에서 당신이 ⓐ 가장 할 것 같은 행동은 무엇입니까?
> ⓑ 가장 하지 않을 것 같은 행동은 무엇입니까?

ⓐ 가장 할 것 같은 행동 　　　　　　　　　　　　　　　　　　　　　（　　　）
ⓑ 가장 하지 않을 것 같은 행동 　　　　　　　　　　　　　　　　　　（　　　）

선 택 지

① 신병을 대상으로 무기명 마음의 편지를 접수하여, 과도한 얼차려를 부여한 조교를 식별한다.

② 조교들을 집합시켜 과도한 얼차려를 부여하지 말도록 교육한다.

③ 중대장에게 보고하고, 지침을 기다린다.

④ 경험이 많은 행정보급관에게 조언을 구한다.

⑤ 친분 있는 A일병에게 유심히 관찰하고 추후 다시 이야기 달라 부탁한다.

15

> 당신은 당직사관이다. 부대 면회·외출·외박은 주중에 신청하며, 중대장이 부대 규정에 의거하여 선정하고 있다. 토요일 오전, 중대 행정반으로 A일병의 부모님이 전화하여 부대 근처라며 A일병과 외박을 하고 싶다고 전해왔다. 당신은 외출·외박 규정을 제시하며 불가함을 설명하였으나 A일병의 부모는 언성을 높이며 민원을 제기할 것이라고 강하게 반발하고 있다.
>
> 이 상황에서 당신이 ⓐ 가장 할 것 같은 행동은 무엇입니까?
>   ⓑ 가장 하지 않을 것 같은 행동은 무엇입니까?

ⓐ 가장 할 것 같은 행동   (   )
ⓑ 가장 하지 않을 것 같은 행동   (   )

선 택 지
① A일병에게 부모님을 설득하도록 지시한다.
② 규정과 방침을 말씀드리고 전화를 끊는다.
③ 당직사령에게 보고하고 지침을 기다린다.
④ 중대장에게 보고하고 지침을 기다린다.
⑤ A일병 부모님이 동의할 때까지 규정과 방침을 설명한다.

직무성격검사

※ 직무성격검사는 응시자의 성격이 부사관 직무에 적합한지를 파악하기 위한 자료
  로서 별도의 정답이 존재하지 않습니다.

Q 다음 상황을 읽고 제시된 질문에 답하시오. 【001~180】

① 전혀 그렇지 않다	② 그렇지 않다	③ 보통이다	④ 그렇다	⑤ 매우 그렇다

001. 신경질적이라고 생각한다.　　　　　　　　　　　　① ② ③ ④ ⑤

002. 주변 환경을 받아들이고 쉽게 적응하는 편이다.　　　① ② ③ ④ ⑤

003. 여러 사람들과 있는 것보다 혼자 있는 것이 좋다.　　① ② ③ ④ ⑤

004. 주변이 어리석게 생각되는 때가 자주 있다.　　　　　① ② ③ ④ ⑤

005. 나는 지루하거나 따분해지면 소리치고 싶어지는 편이다.　① ② ③ ④ ⑤

006. 남을 원망하거나 증오하거나 했던 적이 한 번도 없다.　① ② ③ ④ ⑤

007. 보통사람들보다 쉽게 상처받는 편이다.　　　　　　　① ② ③ ④ ⑤

008. 사물에 대해 곰곰이 생각하는 편이다.　　　　　　　① ② ③ ④ ⑤

009. 감정적이 되기 쉽다.　　　　　　　　　　　　　　① ② ③ ④ ⑤

010. 고지식하다는 말을 자주 듣는다.　　　　　　　　　① ② ③ ④ ⑤

011. 주변사람에게 정떨어지게 행동하기도 한다.　　　　　① ② ③ ④ ⑤

012. 수다떠는 것이 좋다.　　　　　　　　　　　　　　① ② ③ ④ ⑤

013. 푸념을 늘어놓은 적이 없다.　　　　　　　　　　　① ② ③ ④ ⑤

014. 항상 뭔가 불안한 일이 있다.　　　　　　　　　　　① ② ③ ④ ⑤

015. 나는 도움이 안 되는 인간이라고 생각한 적이 가끔 있다.　① ② ③ ④ ⑤

016. 주변으로부터 주목받는 것이 좋다.　　　　　　　　① ② ③ ④ ⑤

017. 사람과 사귀는 것은 성가시다라고 생각한다.　　　　① ② ③ ④ ⑤

018. 나는 충분한 자신감을 가지고 있다.　　　　① ② ③ ④ ⑤

019. 밝고 명랑한 편이어서 화기애애한 모임에 나가는 것이 좋다.　　① ② ③ ④ ⑤

020. 남을 상처 입힐 만한 것에 대해 말한 적이 없다.　　　① ② ③ ④ ⑤

021. 부끄러워서 얼굴 붉히지 않을까 걱정된 적이 없다.　　① ② ③ ④ ⑤

022. 낙심해서 아무것도 손에 잡히지 않은 적이 있다.　　① ② ③ ④ ⑤

023. 나는 후회하는 일이 많다고 생각한다.　　　　① ② ③ ④ ⑤

024. 남이 무엇을 하려고 하든 자신에게는 관계없다고 생각한다.　① ② ③ ④ ⑤

025. 나는 다른 사람보다 기가 세다.　　　　① ② ③ ④ ⑤

026. 특별한 이유없이 기분이 자주 들뜬다.　　　① ② ③ ④ ⑤

027. 지금까지 한 번도 화낸 적이 없다.　　　① ② ③ ④ ⑤

028. 작은 일에도 신경쓰는 성격이다.　　　　① ② ③ ④ ⑤

029. 배려심이 있다는 말을 주위에서 자주 듣는다.　　① ② ③ ④ ⑤

030. 나는 의지가 약하다고 생각한다.　　　　① ② ③ ④ ⑤

031. 어렸을 적에 혼자 노는 일이 많았다.　　　① ② ③ ④ ⑤

032. 여러 사람 앞에서도 편안하게 의견을 발표할 수 있다.　　① ② ③ ④ ⑤

033. 아무 것도 아닌 일에 흥분하기 쉽다.　　　① ② ③ ④ ⑤

034. 지금까지 거짓말한 적이 없다.　　　　① ② ③ ④ ⑤

035. 소리에 굉장히 민감하다.　　　　① ② ③ ④ ⑤

036. 친절하고 착한 사람이라는 말을 자주 듣는 편이다.　　① ② ③ ④ ⑤

037. 남에게 들은 이야기로 인하여 의견이나 결심이 자주 바뀐다.　① ② ③ ④ ⑤

038. 개성있는 사람이라는 소릴 많이 듣는다.　　　① ② ③ ④ ⑤

039. 모르는 사람들 사이에서도 나의 의견을 확실히 말할 수 있다.　①　②　③　④　⑤

040. 붙임성이 좋다는 말을 자주 듣는다.　①　②　③　④　⑤

041. 지금까지 변명을 한 적이 한 번도 없다.　①　②　③　④　⑤

042. 남들에 비해 걱정이 많은 편이다.　①　②　③　④　⑤

043. 자신이 혼자 남겨졌다는 생각이 자주 드는 편이다.　①　②　③　④　⑤

044. 기분이 아주 쉽게 변한다는 말을 자주 듣는다.　①　②　③　④　⑤

045. 남의 일에 관련되는 것이 싫다.　①　②　③　④　⑤

046. 주위의 반대에도 불구하고 나의 의견을 밀어붙이는 편이다.　①　②　③　④　⑤

047. 기분이 산만해지는 일이 많다.　①　②　③　④　⑤

048. 남을 의심해 본적이 없다.　①　②　③　④　⑤

049. 꼼꼼히고 빈틈이 없다는 말을 자주 듣는디.　①　②　③　④　⑤

050. 문제가 발생했을 경우 자신이 나쁘다고 생각한 적이 많다.　①　②　③　④　⑤

051. 자신이 원하는 대로 지내고 싶다고 생각한 적이 많다.　①　②　③　④　⑤

052. 아는 사람과 마주쳤을 때 반갑지 않은 느낌이 들 때가 많다.　①　②　③　④　⑤

053. 어떤 일이라도 끝까지 잘 해낼 자신이 있다.　①　②　③　④　⑤

054. 기분이 너무 고취되어 안정되지 않은 경우가 있다.　①　②　③　④　⑤

055. 지금까지 감기에 걸린 적이 한 번도 없다.　①　②　③　④　⑤

056. 보통 사람보다 공포심이 강한 편이다.　①　②　③　④　⑤

057. 인생은 살 가치가 없다고 생각된 적이 있다.　①　②　③　④　⑤

058. 이유없이 물건을 부수거나 망가뜨리고 싶은 적이 있다.　①　②　③　④　⑤

059. 나의 고민, 진심 등을 털어놓을 수 있는 사람이 없다.　①　②　③　④　⑤

060. 자존심이 강하다는 소릴 자주 듣는다.　①　②　③　④　⑤

061. 아무것도 안하고 멍하게 있는 것을 싫어한다.   ① ② ③ ④ ⑤

062. 지금까지 감정적으로 행동했던 적은 없다.   ① ② ③ ④ ⑤

063. 항상 뭔가에 불안한 일을 안고 있다.   ① ② ③ ④ ⑤

064. 세세한 일에 신경을 쓰는 편이다.   ① ② ③ ④ ⑤

065. 그때그때의 기분에 따라 행동하는 편이다.   ① ② ③ ④ ⑤

066. 혼자가 되고 싶다고 생각한 적이 많다.   ① ② ③ ④ ⑤

067. 남에게 재촉당하면 화가 나는 편이다.   ① ② ③ ④ ⑤

068. 주위에서 낙천적이라는 소릴 자주 듣는다.   ① ② ③ ④ ⑤

069. 남을 싫어해 본 적이 단 한 번도 없다.   ① ② ③ ④ ⑤

070. 조금이라도 나쁜 소식은 절망의 시작이라고 생각한다.   ① ② ③ ④ ⑤

071. 언제나 실패가 걱정되어 어쩔 줄 모른다.   ① ② ③ ④ ⑤

072. 다수결의 의견에 따르는 편이다.   ① ② ③ ④ ⑤

073. 혼자서 영화관에 들어가는 것은 전혀 두려운 일이 아니다.   ① ② ③ ④ ⑤

074. 승부근성이 강하다.   ① ② ③ ④ ⑤

075. 자주 흥분하여 침착하지 못한다.   ① ② ③ ④ ⑤

076. 지금까지 살면서 남에게 폐를 끼친 적이 없다.   ① ② ③ ④ ⑤

077. 내일 해도 되는 일을 오늘 안에 끝내는 것을 좋아한다.   ① ② ③ ④ ⑤

078. 무엇이든지 자기가 나쁘다고 생각하는 편이다.   ① ② ③ ④ ⑤

079. 자신을 변덕스러운 사람이라고 생각한다.   ① ② ③ ④ ⑤

080. 고독을 즐기는 편이다.   ① ② ③ ④ ⑤

081. 감정적인 사람이라고 생각한다.   ① ② ③ ④ ⑤

082. 자신만의 신념을 가지고 있다.   ① ② ③ ④ ⑤

083. 다른 사람을 바보 같다고 생각한 적이 있다.   ① ② ③ ④ ⑤

084. 남의 비밀을 금방 말해버리는 편이다.   ① ② ③ ④ ⑤

085. 대재앙이 오지 않을까 항상 걱정을 한다.   ① ② ③ ④ ⑤

086. 문제점을 해결하기 위해 항상 많은 사람들과 이야기하는 편이다.   ① ② ③ ④ ⑤

087. 내 방식대로 일을 처리하는 편이다.   ① ② ③ ④ ⑤

088. 영화를 보고 운 적이 있다.   ① ② ③ ④ ⑤

089. 사소한 충고에도 걱정을 한다.   ① ② ③ ④ ⑤

090. 학교를 쉬고 싶다고 생각한 적이 한 번도 없다.   ① ② ③ ④ ⑤

091. 불안감이 강한 편이다.   ① ② ③ ④ ⑤

092. 사람을 설득시키는 것이 어렵지 않다.   ① ② ③ ④ ⑤

093. 다른 사람에게 어떻게 보일지 신경을 쓴다.   ① ② ③ ④ ⑤

094. 다른 사람에게 의존하는 경향이 있다.   ① ② ③ ④ ⑤

095. 그다지 융통성이 있는 편이 아니다.   ① ② ③ ④ ⑤

096. 숙제를 잊어버린 적이 한 번도 없다.   ① ② ③ ④ ⑤

097. 밤길에는 발소리가 들리기만 해도 불안하다.   ① ② ③ ④ ⑤

098. 자신은 유치한 사람이다.   ① ② ③ ④ ⑤

099. 잡담을 하는 것보다 책을 읽는 편이 낫다.   ① ② ③ ④ ⑤

100. 나는 영업에 적합한 타입이라고 생각한다.   ① ② ③ ④ ⑤

101. 술자리에서 술을 마시지 않아도 흥을 돋굴 수 있다.   ① ② ③ ④ ⑤

102. 한 번도 병원에 간 적이 없다.   ① ② ③ ④ ⑤

103. 나쁜 일은 걱정이 되어 어쩔 줄을 모른다.   ① ② ③ ④ ⑤

104. 금세 무기력해지는 편이다.   ① ② ③ ④ ⑤

105. 비교적 고분고분한 편이라고 생각한다. ① ② ③ ④ ⑤

106. 독자적으로 행동하는 편이다. ① ② ③ ④ ⑤

107. 적극적으로 행동하는 편이다. ① ② ③ ④ ⑤

108. 금방 감격하는 편이다. ① ② ③ ④ ⑤

109. 밤에 잠을 못 잘 때가 많다. ① ② ③ ④ ⑤

110. 후회를 자주 하는 편이다. ① ② ③ ④ ⑤

111. 쉽게 뜨거워지고 쉽게 식는 편이다. ① ② ③ ④ ⑤

112. 자신만의 세계를 가지고 있다. ① ② ③ ④ ⑤

113. 말하는 것을 아주 좋아한다. ① ② ③ ④ ⑤

114. 이유없이 불안할 때가 있다. ① ② ③ ④ ⑤

115. 주위 사람의 의견을 생각하여 발언을 자제할 때가 있다. ① ② ③ ④ ⑤

116. 생각없이 함부로 말하는 경우가 많다. ① ② ③ ④ ⑤

117. 정리가 되지 않은 방에 있으면 불안하다. ① ② ③ ④ ⑤

118. 슬픈 영화나 TV를 보면 자주 운다. ① ② ③ ④ ⑤

119. 자신을 충분히 신뢰할 수 있는 사람이라고 생각한다. ① ② ③ ④ ⑤

120. 노래방을 아주 좋아한다. ① ② ③ ④ ⑤

121. 자신만이 할 수 있는 일을 하고 싶다. ① ② ③ ④ ⑤

122. 자신을 과소평가 하는 경향이 있다. ① ② ③ ④ ⑤

123. 책상 위나 서랍 안은 항상 깔끔히 정리한다. ① ② ③ ④ ⑤

124. 건성으로 일을 하는 때가 자주 있다. ① ② ③ ④ ⑤

125. 남의 험담을 한 적이 없다. ① ② ③ ④ ⑤

126. 초조하면 손을 떨고, 심장박동이 빨라진다. ① ② ③ ④ ⑤

127. 말싸움을 하여 진 적이 한 번도 없다.　　　　　　① ② ③ ④ ⑤

128. 다른 사람들과 덩달아 떠든다고 생각할 때가 자주 있다.　① ② ③ ④ ⑤

129. 아첨에 넘어가기 쉬운 편이다.　　　　　　　　　　① ② ③ ④ ⑤

130. 이론만 내세우는 사람과 대화하면 짜증이 난다.　　① ② ③ ④ ⑤

131. 상처를 주는 것도 받는 것도 싫다.　　　　　　　① ② ③ ④ ⑤

132. 매일매일 그 날을 반성한다.　　　　　　　　　　① ② ③ ④ ⑤

133. 주변 사람이 피곤해하더라도 자신은 항상 원기왕성하다.　① ② ③ ④ ⑤

134. 친구를 재미있게 해주는 것을 좋아한다.　　　　　① ② ③ ④ ⑤

135. 아침부터 아무것도 하고 싶지 않을 때가 있다.　　① ② ③ ④ ⑤

136. 지각을 하면 학교를 결석하고 싶어진다.　　　　　① ② ③ ④ ⑤

137. 이 세상에 없는 세계가 존재한다고 생각한다.　　① ② ③ ④ ⑤

138. 하기 싫은 것을 하고 있으면 무심코 불만을 말한다.　① ② ③ ④ ⑤

139. 투지를 드러내는 경향이 있다.　　　　　　　　　① ② ③ ④ ⑤

140. 어떤 일이라도 헤쳐나갈 자신이 있다.　　　　　① ② ③ ④ ⑤

141. 착한 사람이라는 말을 자주 듣는다.　　　　　　① ② ③ ④ ⑤

142. 조심성이 있는 편이다.　　　　　　　　　　　　① ② ③ ④ ⑤

143. 이상주의자이다.　　　　　　　　　　　　　　　① ② ③ ④ ⑤

144. 인간관계를 중요하게 생각한다.　　　　　　　　① ② ③ ④ ⑤

145. 협조성이 뛰어난 편이다.　　　　　　　　　　　① ② ③ ④ ⑤

146. 정해진 대로 따르는 것을 좋아한다.　　　　　　① ② ③ ④ ⑤

147. 정이 많은 사람을 좋아한다.　　　　　　　　　① ② ③ ④ ⑤

148. 조직이나 전통에 구애를 받지 않는다.　　　　　① ② ③ ④ ⑤

149. 잘 아는 사람과만 만나는 것이 좋다. ① ② ③ ④ ⑤

150. 파티에서 사람을 소개받는 편이다. ① ② ③ ④ ⑤

151. 모임이나 집단에서 분위기를 이끄는 편이다. ① ② ③ ④ ⑤

152. 취미 등이 오랫동안 지속되지 않는 편이다. ① ② ③ ④ ⑤

153. 다른 사람을 부럽다고 생각해 본 적이 없다. ① ② ③ ④ ⑤

154. 꾸지람을 들은 적이 한 번도 없다. ① ② ③ ④ ⑤

155. 시간이 오래 걸려도 항상 침착하게 생각하는 경우가 많다. ① ② ③ ④ ⑤

156. 실패의 원인을 찾고 반성하는 편이다. ① ② ③ ④ ⑤

157. 여러 가지 일을 재빨리 능숙하게 처리하는 데 익숙하다. ① ② ③ ④ ⑤

158. 행동을 한 후 생각을 하는 편이다. ① ② ③ ④ ⑤

159. 민첩하게 활동을 하는 편이다. ① ② ③ ④ ⑤

160. 일을 더디게 처리하는 경우가 많다. ① ② ③ ④ ⑤

161. 몸을 움직이는 것을 좋아한다. ① ② ③ ④ ⑤

162. 스포츠를 보는 것이 좋다. ① ② ③ ④ ⑤

163. 일을 하다 어려움에 부딪히면 단념한다. ① ② ③ ④ ⑤

164. 너무 신중하여 타이밍을 놓치는 때가 많다. ① ② ③ ④ ⑤

165. 시험을 볼 때 한 번에 모든 것을 마치는 편이다. ① ② ③ ④ ⑤

166. 일에 대한 계획표를 만들어 실행을 하는 편이다. ① ② ③ ④ ⑤

167. 한 분야에서 1인자가 되고 싶다고 생각한다. ① ② ③ ④ ⑤

168. 규모가 큰 일을 하고 싶다. ① ② ③ ④ ⑤

169. 높은 목표를 설정하여 수행하는 것이 의욕적이라고 생각한다. ① ② ③ ④ ⑤

170. 다른 사람들과 있으면 침착하지 못하다. ① ② ③ ④ ⑤

171. 수수하고 조심스러운 편이다.   ① ② ③ ④ ⑤

172. 여행을 가기 전에 항상 계획을 세운다.   ① ② ③ ④ ⑤

173. 구입한 후 끝까지 읽지 않은 책이 많다.   ① ② ③ ④ ⑤

174. 쉬는 날은 집에 있는 경우가 많다.   ① ② ③ ④ ⑤

175. 돈을 허비한 적이 없다.   ① ② ③ ④ ⑤

176. 흐린 날은 항상 우산을 가지고 나간다.   ① ② ③ ④ ⑤

177. 조연상을 받은 배우보다 주연상을 받은 배우를 좋아한다.   ① ② ③ ④ ⑤

178. 유행에 민감하다고 생각한다.   ① ② ③ ④ ⑤

179. 친구의 휴대폰 번호를 모두 외운다.   ① ② ③ ④ ⑤

180. 환경이 변화되는 것에 구애받지 않는다.   ① ② ③ ④ ⑤

인성검사

CHAPTER 01 인성검사의 개요

❶ 인성(성격)검사의 개념과 목적

인성(성격)이란 개인을 특징짓는 평범하고 일상적인 사회적 이미지, 즉 지속적이고 일관된 공적 성격(Public-personality)이며, 환경에 대응함으로써 선천적·후천적 요소의 상호작용으로 결정화된 심리적·사회적 특성 및 경향을 의미한다. 인성검사는 직무적성검사를 실시하는 대부분의 기관에서 병행하여 실시하고 있으며, 인성검사만 독자적으로 실시하는 기관도 있다.

군에서는 인성검사를 통하여 각 개인이 어떠한 성격 특성이 발달되어 있고, 어떤 특성이 얼마나 부족한지, 그것이 해당 직무의 특성 및 조직문화와 얼마나 맞는지를 알아보고 이에 적합한 인재를 선발하고자 한다. 또한 개인에게 적합한 직무 배분과 부족한 부분을 교육을 통해 보완하도록 할 수 있다.

❷ 성격의 특성

(1) 정서적 측면

정서적 측면은 평소 마음의 당연시하는 자세나 정신상태가 얼마나 안정하고 있는지 또는 불안정한지를 측정한다. 정서의 상태는 직무수행이나 대인관계와 관련하여 태도나 행동으로 드러난다. 그러므로, 정서적 측면을 측정하는 것에 의해, 장래 조직 내의 인간관계에 어느 정도 잘 적응할 수 있을까(또는 적응하지 못할까)를 예측하는 것이 가능하다. 그렇기 때문에, 정서적 측면의 결과는 채용 시에 상당히 중시된다. 아무리 능력이 좋아도 장기적으로 조직 내의 인간관계에 잘 적응할 수 없다고 판단되는 인재는 기본적으로는 채용되지 않는다. 일반적으로 인성(성격)검사는 채용과는 관계없다고 생각하나 정서적으로 조직에 적응하지 못하는 인재는 채용단계에서 가려내지는 것을 유의하여야 한다.

① **민감성**(신경도) … 꼼꼼함, 섬세함, 성실함 등의 요소를 통해 일반적으로 신경질적인지 또는 자신의 존재를 위협받는다리는 불안을 갖기 쉬운지를 측정한다.

질문	그렇다	약간 그렇다	그저 그렇다	별로 그렇지 않다	그렇지 않다
• 배려적이라고 생각한다.					
• 어지러진 방에 있으면 불안하다.					
• 실패 후에는 불안하다.					
• 세세한 것까지 신경쓴다.					
• 이유 없이 불안할 때가 있다.					

▶ 측정결과

㉠ '그렇다'가 많은 경우(상처받기 쉬운 유형) : 사소한 일에 신경쓰고 다른 사람의 사소한 한마디 말에 상처를 받기 쉽다.
 • 면접관의 심리 : '동료들과 잘 지낼 수 있을까?', '실패할 때마다 위축되지 않을까?'
 • 면접대책 : 다소 신경질적이라도 능력을 발휘할 수 있다는 평가를 얻도록 한다. 주변과 충분한 의사소통이 가능하고, 결정한 것을 실행할 수 있다는 것을 보여주어야 한다.

㉡ '그렇지 않다'가 많은 경우(정신적으로 안정적인 유형) : 사소한 일에 신경쓰지 않고 금방 해결하며, 주위 사람의 말에 과민하게 반응하지 않는다.
 • 면접관의 심리 : '계약할 때 필요한 유형이고, 사고 발생에도 유연하게 대처할 수 있다.'
 • 면접대책 : 일반적으로 '민감성'의 측정치가 낮으면 플러스 평가를 받으므로 더욱 자신감 있는 모습을 보여준다.

② **자책성**(과민도) … 자신을 비난하거나 책망하는 정도를 측정한다.

질문	그렇다	약간 그렇다	그저 그렇다	별로 그렇지 않다	그렇지 않다
• 후회하는 일이 많다.					
• 자신을 하찮은 존재로 생각하는 경우가 있다.					
• 문제가 발생하면 자기의 탓이라고 생각한다.					
• 무슨 일이든지 끙끙대며 진행하는 경향이 있다.					
• 온순한 편이다.					

▶ 측정결과

㉠ '그렇다'가 많은 경우(자책하는 유형) : 비관적이고 후회하는 유형이다.
 • 면접관의 심리 : '끙끙대며 괴로워하고, 일을 진행하지 못할 것 같다.'
 • 면접대책 : 기분이 저조해도 항상 의욕을 가지고 생활하는 것과 책임감이 강하다는 것을 보여준다.

㉡ '그렇지 않다'가 많은 경우(낙천적인 유형) : 기분이 항상 밝은 편이다.
 • 면접관의 심리 : '안정된 대인관계를 맺을 수 있고, 외부의 압력에도 흔들리지 않는다.'
 • 면접대책 : 일반적으로 '자책성'의 측정치가 낮으면 플러스 평가를 받으므로 자신감을 가지고 임한다.

③ **기분성(불안도)** … 기분의 굴곡이나 감정적인 면의 미숙함이 어느 정도인지를 측정하는 것이다.

질문	그렇다	약간 그렇다	그저 그렇다	별로 그렇지 않다	그렇지 않다
• 다른 사람의 의견에 자신의 결정이 흔들리는 경우가 많다. • 기분이 쉽게 변한다. • 종종 후회한다. • 다른 사람보다 의지가 약한 편이라고 생각한다. • 금방 싫증을 내는 성격이라는 말을 자주 듣는다.					

▶ 측정결과
㉠ '그렇다'가 많은 경우(감정의 기복이 많은 유형) : 의지력보다 기분에 따라 행동하기 쉽다.
  • 면접관의 심리 : '감정적인 것에 약하며, 상황에 따라 생산성이 떨어지지 않을까?'
  • 면접대책 : 주변 사람들과 항상 협조한다는 것을 강조하고 한결같은 상태로 일할 수 있다는 평가를 받도록 한다.
㉡ '그렇지 않다'가 많은 경우(감정의 기복이 적은 유형) : 감정의 기복이 없고, 안정적이다.
  • 면접관의 심리 : '안정적으로 업무에 임할 수 있다.'
  • 면접대책 : 기분성의 측정치가 낮으면 플러스 평가를 받으므로 자신감을 가지고 면접에 임한다.

④ **독자성(개인도)** … 주변에 대한 견해나 관심, 자신의 견해나 생각에 어느 정도의 속박감을 가지고 있는지를 측정한다.

질문	그렇다	약간 그렇다	그저 그렇다	별로 그렇지 않다	그렇지 않다
• 창의적 사고방식을 가지고 있다. • 융통성이 있는 편이다. • 혼자 있는 편이 많은 사람과 있는 것보다 편하다. • 개성적이라는 말을 듣는다. • 교제는 번거로운 것이라고 생각하는 경우가 많다.					

▶ 측정결과
㉠ '그렇다'가 많은 경우 : 자기의 관점을 중요하게 생각하는 유형으로, 주위의 상황보다 자신의 느낌과 생각을 중시한다.
  • 면접관의 심리 : '제멋대로 행동하지 않을까?'
  • 면접대책 : 주위 사람과 협조하여 일을 진행할 수 있다는 것과 상식에 얽매이지 않는다는 인상을 심어준다.
㉡ '그렇지 않다'가 많은 경우 : 상식적으로 행동하고 주변 사람의 시선에 신경을 쓴다.
  • 면접관의 심리 : '다른 직원들과 협조하여 업무를 진행할 수 있겠다.'
  • 면접대책 : 협조성이 요구되는 기업체에서는 플러스 평가를 받을 수 있다.

⑤ **자신감**(자존심도) ··· 자기 자신에 대해 얼마나 긍정적으로 평가하는지를 측정한다.

질문	그렇다	약간 그렇다	그저 그렇다	별로 그렇지 않다	그렇지 않다
• 다른 사람보다 능력이 뛰어나다고 생각한다. • 다소 반대의견이 있어도 나만의 생각으로 행동할 수 있다. • 나는 다른 사람보다 기가 센 편이다. • 동료가 나를 모욕해도 무시할 수 있다. • 대개의 일을 목적한 대로 헤쳐나갈 수 있다고 생각한다.					

▶ **측정결과**

㉠ '그렇다'가 많은 경우 : 자기 능력이나 외모 등에 자신감이 있고, 비판당하는 것을 좋아하지 않는다.
 • 면접관의 심리 : '자만하여 지시에 잘 따를 수 있을까?'
 • 면접대책 : 다른 사람의 조언을 잘 받아들이고, 겸허하게 반성하는 면이 있다는 것을 보여주고, 동료들과 잘 지내며 리더의 자질이 있다는 것을 강조한다.

㉡ '그렇지 않다'가 많은 경우 : 자신감이 없고 다른 사람의 비판에 약하다.
 • 면접관의 심리 : '패기가 부족하지 않을까?', '쉽게 좌절하지 않을까?'
 • 면접대책 : 극도의 자신감 부족으로 평가되지는 않는다. 그러나 마음이 약한 면은 있지만 의욕적으로 일을 하겠다는 마음가짐을 보여준다.

⑥ **고양성**(분위기에 들뜨는 정도) … 자유분방함, 명랑함과 같이 감정(기분)의 높고 낮음의 정도를 측정한다.

질문	그렇다	약간 그렇다	그저 그렇다	별로 그렇지 않다	그렇지 않다
• 침착하지 못한 편이다.					
• 다른 사람보다 쉽게 우쭐해진다.					
• 모든 사람이 아는 유명인사가 되고 싶다.					
• 모임이나 집단에서 분위기를 이끄는 편이다.					
• 취미 등이 오랫동안 지속되지 않는 편이다.					

▶ 측정결과

㉠ '그렇다'가 많은 경우 : 자극이나 변화가 있는 일상을 원하고 기분을 들뜨게 하는 사람과 친밀하게 지내는 경향이 강하다.
  • 면접관의 심리 : '일을 진행하는 데 변덕스럽지 않을까?'
  • 면접대책 : 밝은 태도는 플러스 평가를 받을 수 있지만, 착실한 업무능력이 요구되는 직종에서는 마이너스 평가가 될 수 있다. 따라서 자기조절이 가능하다는 것을 보여준다.
㉡ '그렇지 않다'가 많은 경우 : 감정이 항상 일정하고, 속을 드러내 보이지 않는다.
  • 면접관의 심리 : '안정적인 업무 태도를 기대할 수 있겠다.'
  • 면섭대책 : '고양성'의 낮음은 대체로 플러스 평가를 받을 수 있다. 그러나 '무엇을 생각하고 있는지 모르겠다' 등의 평을 듣지 않도록 주의한다.

⑦ **허위성**(진위성) … 필요 이상으로 자기를 좋게 보이려 하거나 기업체가 원하는 '이상형'에 맞춘 대답을 하고 있는지, 없는지를 측정한다.

질문	그렇다	약간 그렇다	그저 그렇다	별로 그렇지 않다	그렇지 않다
• 약속을 깨뜨린 적이 한 번도 없다.					
• 다른 사람을 부럽다고 생각해 본 적이 없다.					
• 꾸지람을 들은 적이 없다.					
• 사람을 미워한 적이 없다.					
• 화를 낸 적이 한 번도 없다.					

▶ 측정결과

㉠ '그렇다'가 많은 경우 : 실제의 자기와는 다른, 말하자면 원칙으로 해답할 가능성이 있다.
  • 면접관의 심리 : '거짓을 말하고 있다.'

- 면접대책 : 조금이라도 좋게 보이려고 하는 '거짓말쟁이'로 평가될 수 있다. '거짓을 말하고 있다.'는 마음 따위가 전혀 없다 해도 결과적으로는 정직하게 답하지 않는다는 것이 되어 버린다. '허위성'의 측정 질문은 구분되지 않고 다른 질문 중에 섞여 있다. 그러므로 모든 질문에 솔직하게 답하여야 한다. 또한 자기 자신과 너무 동떨어진 이미지로 답하면 좋은 결과를 얻지 못한다. 그리고 면접에서 '허위성'을 기본으로 한 질문을 받게 되므로 당황하거나 또 다른 모순된 답변을 하게 된다. 겉치레를 하거나 무리한 욕심을 부리지 말고 '이런 사회인이 되고 싶다.'는 현재의 자신보다, 조금 성장한 자신을 표현하는 정도가 적당하다.
  - ⓛ '그렇지 않다'가 많은 경우 : 냉정하고 정직하며, 외부의 압력과 스트레스에 강한 유형이다. '대쪽같음'의 이미지가 굳어지지 않도록 주의한다.

(2) 행동적인 측면

행동적 측면은 인격 중에 특히 행동으로 드러나기 쉬운 측면을 측정한다. 사람의 행동 특징 자체에는 선도 악도 없으나, 일반적으로는 일의 내용에 의해 원하는 행동이 있다. 때문에 행동적 측면은 주로 직종과 깊은 관계가 있는데 자신의 행동 특성을 살려 적합한 직종을 선택한다면 플러스가 될 수 있다.

행동 특성에서 보여지는 특징은 면접장면에서도 드러나기 쉬운데 본서의 모의 TEST의 결과를 참고하여 자신의 태도, 행동이 면접관의 시선에 어떻게 비치는지를 점검하도록 한다.

① **사회적 내향성** … 대인관계에서 나타나는 행동경향으로 '낯가림'을 측정한다.

질문	선택
A : 파티에서는 사람을 소개받은 편이다. B : 파티에서는 사람을 소개하는 편이다.	
A : 처음 보는 사람과는 즐거운 시간을 보내는 편이다. B : 처음 보는 사람과는 어색하게 시간을 보내는 편이다.	
A : 친구가 적은 편이다. B : 친구가 많은 편이다.	
A : 자신의 의견을 말하는 경우가 적다. B : 자신의 의견을 말하는 경우가 많다.	
A : 사교적인 모임에 참석하는 것을 좋아하지 않는다. B : 사교적인 모임에 항상 참석한다.	

▶ 측정결과

㉠ 'A'가 많은 경우 : 내성적이고 사람들과 접하는 것에 소극적이다. 자신의 의견을 말하지 않고 조심스러운 편이다.
- 면접관의 심리 : '소극적인데 동료와 잘 지낼 수 있을까?'
- 면접대책 : 대인관계를 맺는 것을 싫어하지 않고 의욕적으로 일을 할 수 있다는 것을 보여준다.

㉡ 'B'가 많은 경우 : 사교적이고 자기의 생각을 명확하게 전달할 수 있다.
- 면접관의 심리 : '사교적이고 활동적인 것은 좋지만, 자기 주장이 너무 강하지 않을까?'
- 면접대책 : 협조성을 보여주고, 자기 주장이 너무 강하다는 인상을 주지 않도록 주의한다.

② **내성성**(침착도) … 자신의 행동과 일에 대해 침착하게 생각하는 정도를 측정한다.

질문	선택
A : 시간이 걸려도 침착하게 생각하는 경우가 많다. B : 짧은 시간에 결정을 하는 경우가 많다.	
A : 실패의 원인을 찾고 반성하는 편이다. B : 실패를 해도 그다지(별로) 개의치 않는다.	
A : 결론이 도출되어도 몇 번 정도 생각을 바꾼다. B : 결론이 도출되면 신속하게 행동으로 옮긴다.	
A : 여러 가지 생각하는 것이 능숙하다. B : 여러 가지 일을 재빨리 능숙하게 처리하는 데 익숙하다.	
A : 여러 가지 측면에서 사물을 검토한다. B : 행동한 후 생각을 한다.	

▶ 측정결과

㉠ 'A'가 많은 경우 : 행동하기 보다는 생각하는 것을 좋아하고 신중하게 계획을 세워 실행한다.
- 면접관의 심리 : '행동으로 실천하지 못하고, 대응이 늦은 경향이 있지 않을까?'
- 면섭대책 : 발로 뛰는 것을 좋아하고, 일을 더디게 한다는 인상을 주지 않도록 한다.

㉡ 'B'가 많은 경우 : 차분하게 생각하는 것보다 우선 행동하는 유형이다.
- 면접관의 심리 : '생각하는 것을 싫어하고 경솔한 행동을 하지 않을까?'
- 면접대책 : 계획을 세우고 행동할 수 있는 것을 보여주고 '사려깊다'라는 인상을 남기도록 한다.

③ **신체활동성** … 몸을 움직이는 것을 좋아하는가를 측정한다.

질문	선택
A : 민첩하게 활동하는 편이다. B : 준비행동이 없는 편이다.	
A : 일을 척척 해치우는 편이다. B : 일을 더디게 처리하는 편이다.	
A : 활발하다는 말을 듣는다. B : 얌전하다는 말을 듣는다.	
A : 몸을 움직이는 것을 좋아한다. B : 가만히 있는 것을 좋아한다.	
A : 스포츠를 하는 것을 즐긴다. B : 스포츠를 보는 것을 좋아한다.	

▶ 측정결과

㉠ 'A'가 많은 경우 : 활동적이고, 몸을 움직이게 하는 것이 컨디션이 좋다.
• 면접관의 심리 : '활동적으로 활동력이 좋아 보인다.'
• 면접대책 : 활동하고 얻은 성과 등과 주어진 상황의 대응능력을 보여준다.
㉡ 'B'가 많은 경우 : 침착한 인상으로, 차분하게 있는 타입이다.
• 면접관의 심리 : '좀처럼 행동하려 하지 않아 보이고, 일을 빠르게 처리할 수 있을까?'

④ **지속성**(노력성) … 무슨 일이든 포기하지 않고 끈기 있게 하려는 정도를 측정한다.

질문	선택
A : 일단 시작한 일은 시간이 걸려도 끝까지 마무리한다. B : 일을 하다 어려움에 부딪히면 단념한다.	
A : 끈질긴 편이다. B : 바로 단념하는 편이다.	
A : 인내가 강하다는 말을 듣는다. B : 금방 싫증을 낸다는 말을 듣는다.	
A : 집념이 깊은 편이나. B : 담백한 편이다.	
A : 한 가지 일에 구애되는 것이 좋다고 생각한다. B : 간단하게 체념하는 것이 좋다고 생각한다.	

▶ 측정결과

㉠ 'A'가 많은 경우 : 시작한 것은 어려움이 있어도 포기하지 않고 인내심이 높다.
• 면접관의 심리 : '한 가지의 일에 너무 구애되고, 업무의 진행이 원활할까?'
• 면접대책 : 인내력이 있는 것은 플러스 평가를 받을 수 있지만 집착이 강해 보이기도 한다.
㉡ 'B'가 많은 경우 : 뒤끝이 없고 조그만 실패로 일을 포기하기 쉽다.
• 면접관의 심리 : '질리는 경향이 있고, 일을 정확히 끝낼 수 있을까?'
• 면접대책 : 지속적인 노력으로 성공했던 사례를 준비하도록 한다.

⑤ **신중성(주의성)** … 자신이 처한 주변상황을 즉시 파악하고 자신의 행동이 어떤 영향을 미치는지를 측정한다.

질문	선택
A : 여러 가지로 생각하면서 완벽하게 준비하는 편이다. B : 행동할 때부터 임기응변적인 대응을 하는 편이다.	
A : 신중해서 타이밍을 놓치는 편이다. B : 준비 부족으로 실패하는 편이다.	
A : 자신은 어떤 일에도 신중히 대응하는 편이다. B : 순간적인 충동으로 활동하는 편이다.	
A : 시험을 볼 때 끝날 때까지 재검토하는 편이다. B : 시험을 볼 때 한 번에 모든 것을 마치는 편이다.	
A : 일에 대해 계획표를 만들어 실행한다. B : 일에 대한 계획표 없이 진행한다.	

▶ **측정결과**

㉠ 'A'가 많은 경우 : 주변 상황에 민감하고, 예측하여 계획있게 일을 진행한다.
  • 면접관의 심리 : '너무 신중해서 적절한 판단을 할 수 있을까?', '앞으로의 상황에 불안을 느끼지 않을까?'
  • 면접대책 : 예측을 하고 실행을 하는 것은 플러스 평가가 되지만, 너무 신중하면 일의 진행이 정체될 가능성을 보이므로 추진력이 있다는 강한 의욕을 보여준다.

㉡ 'B'가 많은 경우 : 주변 상황을 살펴 보지 않고 착실한 계획없이 일을 진행시킨다.
  • 면접관의 심리 : '사려깊지 않고 않고, 실패하는 일이 많지 않을까?', '판단이 빠르고 유연한 사고를 할 수 있을까?'
  • 면접대책 : 사전준비를 중요하게 생각하고 있다는 것 등을 보여주고, 경솔한 인상을 주지 않도록 한다. 또한 판단력이 빠르거나 유연한 사고 덕분에 일 처리를 잘 할 수 있다는 것을 강조한다.

(3) 의욕적인 측면

의욕적인 측면은 의욕의 정도, 활동력의 유무 등을 측정한다. 여기서의 의욕이란 우리들이 보통 말하고 사용하는 '하려는 의지'와는 조금 뉘앙스가 다르다. '하려는 의지'란 그 때의 환경이나 기분에 따라 변화하는 것이지만, 여기에서는 조금 더 변화하기 어려운 특징, 말하자면 정신적 에너지의 양으로 측정하는 것이다.

의욕적 측면은 행동적 측면과는 다르고, 전반적으로 어느 정도 점수가 높은 쪽을 선호한다. 모의검사의 의욕적 측면의 결과가 낮다면, 평소 일에 몰두할 때 조금 의욕 있는 자세를 가지고 서서히 개선하도록 노력해야 한다.

① 달성의욕 ··· 목적의식을 가지고 높은 이상을 가지고 있는지를 측정한다.

질문	선택
A : 경쟁심이 강한 편이다. B : 경쟁심이 약한 편이다. A : 어떤 한 분야에서 제1인자가 되고 싶다고 생각한다. B : 어느 분야에서든 성실하게 임무를 진행하고 싶다고 생각한다. A : 규모가 큰 일을 해보고 싶다. B : 맡은 일에 충실히 임하고 싶다. A : 아무리 노력해도 실패한 것은 아무런 도움이 되지 않는다. B : 가령 실패했을 지라도 나름대로의 노력이 있었으므로 괜찮다. A : 높은 목표를 설정하여 수행하는 것이 의욕적이다. B : 실현 가능한 정도의 목표를 설정하는 것이 의욕적이다.	

▶ 측정결과

㉠ 'A'가 많은 경우 : 큰 목표와 높은 이상을 가지고 승부욕이 강한 편이다.
 • 면접관의 심리 : '열심히 일을 해줄 것 같은 유형이다.'
 • 면접대책 : 달성의욕이 높다는 것은 어떤 직종이라도 플러스 평가가 된다.

㉡ 'B'가 많은 경우 : 현재의 생활을 소중하게 여기고 비약적인 발전을 위해 기를 쓰지 않는다.
 • 면접관의 심리 : '외부의 압력에 약하고, 기획입안 등을 하기 어려울 것이다.'
 • 면접대책 : 일을 통하여 하고 싶은 것들을 구체적으로 어필한다.

② **활동의욕** … 자신에게 잠재된 에너지의 크기로, 정신적인 측면의 활동력이라 할 수 있다.

질문	선택
A : 하고 싶은 일을 실행으로 옮기는 편이다. B : 하고 싶은 일을 좀처럼 실행할 수 없는 편이다.	
A : 어려운 문제를 해결해 가는 것이 좋다. B : 어려운 문제를 해결하는 것을 잘하지 못한다.	
A : 일반적으로 결단이 빠른 편이다. B : 일반적으로 결단이 느린 편이다.	
A : 곤란한 상황에도 도전하는 편이다. B : 사물의 본질을 깊게 관찰하는 편이다.	
A : 시원시원하다는 말을 잘 듣는다. B : 꼼꼼하다는 말을 잘 듣는다.	

▶ 측정결과

㉠ 'A'가 많은 경우 : 꾸물거리는 것을 싫어하고 재빠르게 결단해서 행동하는 타입이다.
- 면접관의 심리 : '일을 처리하는 솜씨가 좋고, 일을 척척 진행할 수 있을 것 같다.'
- 면접대책 : 활동의욕이 높은 것은 플러스 평가가 된다. 사교성이나 활동성이 강하다는 인상을 준다.

㉡ 'B'가 많은 경우 : 안전하고 확실한 방법을 모색하고 차분하게 시간을 아껴서 일에 임하는 타입이다.
- 면접관의 심리 : '재빨리 행동을 못하고, 일의 처리속도가 느린 것이 아닐까?'
- 면접대책 : 활동성이 있는 것을 좋아하고 움직임이 더디다는 인상을 주지 않도록 한다.

❸ 성격의 유형

(1) 인성검사유형

정서적인 측면, 행동적인 측면, 의욕적인 측면의 요소들은 성격 특성이라는 관점에서 제시된 것들로 각 개인의 장·단점을 파악하는 데 유용하다. 그러나 전체적인 개인의 인성을 이해하는 데는 한계가 있다.

성격의 유형은 개인의 '성격적인 특색'을 가리키는 것으로, 사회인으로서 적합한지, 아닌지를 말하는 관점과는 관계가 없다. 따라서 채용의 합격 여부에는 사용되지 않는 경우가 많으며, 입사 후의 적정 부서 배치의 자료가 되는 편이라 생각하면 된다. 그러나 채용과 관계가 없다고 해서 아무런 준비도 필요없는 것은 아니다. 자신을 아는 것은 면접 대책의 밑거름이 되므로 모의검사 결과를 충분히 활용하도록 하여야 한다.

(2) 성격유형

① **흥미·관심의 방향**(내향⇆외향) … 흥미·관심의 방향이 자신의 내면에 있는지, 주위환경 등 외면에 향하는지를 가리키는 척도이다.

② **일(사물)을 보는 방법**(직감⇆감각) … 일(사물)을 보는 법이 직감적으로 형식에 얽매이는지, 감각적으로 상식적인지를 가리키는 척도이다.

③ **판단하는 방법**(감정⇆사고) … 일을 감정적으로 판단하는지, 논리적으로 판단하는지를 가리키는 척도이다.

④ **환경에 대한 접근방법**(지각⇆판단) … 주변상황에 어떻게 접근하는지, 그 판단기준을 어디에 두는지를 측정한다.

- 흥미·관심의 방향 : 내향형 ←——————→ 외향형
- 사물에 대한 견해 : 직관형 ←——————→ 감각형
- 판단하는 방법 : 감정형 ←——————→ 사고형
- 환경에 대한 접근방법 : 지각형 ←——————→ 판단형

실전 인성검사

※ 인성검사는 응시자의 인성을 파악하기 위한 자료이므로 정답이 존재하지 않습니다.

Q 다음 ( ) 안에 진술이 자신에게 적합하면 YES, 그렇지 않다면 NO를 선택하시오. 【001~338】

	YES	NO
001. 사람들이 붐비는 도시보다 한적한 시골이 좋다.	( )	( )
002. 전자기기를 잘 다루지 못하는 편이다.	( )	( )
003. 인생에 대해 깊이 생각해 본 적이 없다.	( )	( )
004. 혼자서 식당에 들어가는 것은 전혀 두려운 일이 아니다.	( )	( )
005. 남녀 사이의 연애에서 중요한 것은 돈이다.	( )	( )
006. 걸음걸이가 빠른 편이다.	( )	( )
007. 육류보다 채소류를 더 좋아한다.	( )	( )
008. 소곤소곤 이야기하는 것을 보면 자기에 대해 험담하고 있는 것으로 생각된다.	( )	( )
009. 여럿이 어울리는 자리에서 이야기를 주도하는 편이다.	( )	( )
010. 집에 머무는 시간보다 밖에서 활동하는 시간이 더 많은 편이다.	( )	( )
011. 무엇인가 창조해내는 작업을 좋아한다.	( )	( )
012. 자존심이 강하다고 생각한다.	( )	( )
013. 금방 흥분하는 성격이다.	( )	( )
014. 거짓말을 한 적이 많다.	( )	( )
015. 신경질적인 편이다.	( )	( )
016. 끙끙대며 고민하는 타입이다.	( )	( )
017. 자신이 맡은 일에 반드시 책임을 지는 편이다.	( )	( )
018. 누군가와 마주하는 것보다 통화로 이야기하는 것이 더 편하다.	( )	( )
019. 운동신경이 뛰어난 편이다.	( )	( )
020. 생각나는 대로 말해버리는 편이다.	( )	( )

YES　NO

021. 싫어하는 사람이 없다. ( )( )

022. 학창시절 국·영·수보다는 예체능 과목을 더 좋아했다. ( )( )

023. 쓸데없는 고생을 하는 일이 많다. ( )( )

024. 자주 생각이 바뀌는 편이다. ( )( )

025. 갈등은 대화로 해결한다. ( )( )

026. 내 방식대로 일을 한다. ( )( )

027. 영화를 보고 운 적이 많다. ( )( )

028. 어떤 것에 대해서도 화낸 적이 없다. ( )( )

029. 좀처럼 아픈 적이 없다. ( )( )

030. 자신은 도움이 안 되는 사람이라고 생각한다. ( )( )

031. 어떤 일이든 쉽게 싫증을 내는 편이다. ( )( )

032. 개성적인 사람이라고 생각한다. ( )( )

033. 자기주장이 강한 편이다. ( )( )

034. 뒤숭숭하다는 말을 들은 적이 있다. ( )( )

035. 인터넷 사용이 아주 능숙하다. ( )( )

036. 사람들과 관계 맺는 것을 보면 잘하지 못한다. ( )( )

037. 사고방식이 독특하다. ( )( )

038. 대중교통보다는 걷는 것을 더 선호한다. ( )( )

039. 끈기가 있는 편이다. ( )( )

040. 신중한 편이라고 생각한다. ( )( )

041. 인생의 목표는 큰 것이 좋다. ( )( )

042. 어떤 일이라도 바로 시작하는 타입이다. ( )( )

043. 낯가림을 하는 편이다. ( )( )

044. 생각하고 나서 행동하는 편이다. ( )( )

045. 쉬는 날은 밖으로 나가는 경우가 많다. ( )( )

046. 시작한 일은 반드시 완성시킨다. ( )( )

047. 면밀한 계획을 세운 여행을 좋아한다. ( )( )

048. 야망이 있는 편이라고 생각한다. ( )( )

049. 활동력이 있는 편이다. ( )( )

050. 많은 사람들과 왁자지껄하게 식사하는 것을 좋아하지 않는다. ( )( )

051. 장기적인 계획을 세우는 것을 꺼려한다. ( )( )

052. 자기 일이 아닌 이상 무심한 편이다. ( )( )

053. 하나의 취미에 열중하는 타입이다. ( )( )

054. 스스로 모임에서 회장에 어울린다고 생각한다. ( )( )

055. 입신출세의 성공이야기를 좋아한다. ( )( )

056. 어떠한 일도 의욕을 가지고 임하는 편이다. ( )( )

057. 학급에서는 존재가 희미했다. ( )( )

058. 항상 무언가를 생각하고 있다. ( )( )

059. 스포츠는 보는 것보다 하는 게 좋다. ( )( )

060. 문제 상황을 바르게 인식하고 현실적이고 객관적으로 대처한다. ( )( )

061. 흐린 날은 반드시 우산을 가지고 간다. ( )( )

062. 여러 명보다 1 : 1로 대화하는 것을 선호한다. ( )( )

063. 공격하는 타입이라고 생각한다. ( )( )

064. 리드를 받는 편이다. ( )( )

065. 너무 신중해서 기회를 놓친 적이 있다. ( )( )

066. 시원시원하게 움직이는 타입이다. ( )( )

067. 야근을 해서라도 업무를 끝낸다. ( )( )

068. 누군가를 방문할 때는 반드시 사전에 확인한다. ( )( )

069. 아무리 노력해도 결과가 따르지 않는다면 의미가 없다. ( )( )

070. 솔직하고 타인에 대해 개방적이다. ( )( )

YES NO

071. 유행에 둔감하다고 생각한다. ( )( )

072. 정해진 대로 움직이는 것은 시시하다. ( )( )

073. 꿈을 계속 가지고 있고 싶다. ( )( )

074. 질서보다 자유를 중요시하는 편이다. ( )( )

075. 혼자서 취미에 몰두하는 것을 좋아한다. ( )( )

076. 직관적으로 판단하는 편이다. ( )( )

077. 영화나 드라마를 보며 등장인물의 감정에 이입된다. ( )( )

078. 시대의 흐름에 역행해서라도 자신을 관철하고 싶다. ( )( )

079. 다른 사람의 소문에 관심이 없다. ( )( )

080. 창조적인 편이다. ( )( )

081. 비교적 눈물이 많은 편이다. ( )( )

082. 융통성이 있다고 생각한다. ( )( )

083. 친구의 휴대전화 번호를 잘 모른다. ( )( )

084. 스스로 고안하는 것을 좋아한다. ( )( )

085. 정이 두터운 사람으로 남고 싶다. ( )( )

086. 새로 나온 전자제품의 사용방법을 익히는 데 오래 걸린다. ( )( )

087. 세상의 일에 별로 관심이 없다. ( )( )

088. 변화를 추구하는 편이다. ( )( )

089. 업무는 인간관계로 선택한다. ( )( )

090. 환경이 변하는 것에 구애되지 않는다. ( )( )

091. 다른 사람들에게 첫인상이 좋다는 이야기를 자주 듣는다. ( )( )

092. 인생은 살 가치가 없다고 생각한다. ( )( )

093. 의지가 약한 편이다. ( )( )

094. 다른 사람이 하는 일에 별로 관심이 없다. ( )( )

095. 자주 넘어지거나 다치는 편이다. ( )( )

		YES	NO
096.	심심한 것을 못 참는다.	( )	( )
097.	다른 사람을 욕한 적이 한 번도 없다.	( )	( )
098.	몸이 아프더라도 병원에 잘 가지 않는 편이다.	( )	( )
099.	금방 낙심하는 편이다.	( )	( )
100.	평소 말이 빠른 편이다.	( )	( )
101.	어려운 일은 되도록 피하는 게 좋다.	( )	( )
102.	다른 사람이 내 의견에 간섭하는 것이 싫다.	( )	( )
103.	낙천적인 편이다.	( )	( )
104.	남을 돕다가 오해를 산 적이 있다.	( )	( )
105.	모든 일에 준비성이 철저한 편이다.	( )	( )
106.	상냥하다는 말을 들은 적이 있다.	( )	( )
107.	맑은 날보다 흐린 날을 더 좋아한다.	( )	( )
108.	많은 친구들을 만나는 것보다 단 둘이 만나는 것이 더 좋다.	( )	( )
109.	평소에 불평불만이 많은 편이다.	( )	( )
110.	가끔 나도 모르게 엉뚱한 행동을 하는 때가 있다.	( )	( )
111.	생리현상을 잘 참지 못하는 편이다.	( )	( )
112.	다른 사람을 기다리는 경우가 많다.	( )	( )
113.	술자리나 모임에 억지로 참여하는 경우가 많다.	( )	( )
114.	결혼과 연애는 별개라고 생각한다.	( )	( )
115.	노후에 대해 걱정이 될 때가 많다.	( )	( )
116.	잃어버린 물건은 쉽게 찾는 편이다.	( )	( )
117.	비교적 쉽게 감격하는 편이다.	( )	( )
118.	어떤 것에 대해서는 불만을 가진 적이 없다.	( )	( )
119.	걱정으로 밤에 못 잘 때가 많다.	( )	( )
120.	자주 후회하는 편이다.	( )	( )

121. 쉽게 학습하지만 쉽게 잊어버린다. ( )( )

122. 낮보다 밤에 일하는 것이 좋다. ( )( )

123. 많은 사람 앞에서도 긴장하지 않는다. ( )( )

124. 상대방에게 감정 표현을 하기가 어렵게 느껴진다. ( )( )

125. 인생을 포기하는 마음을 가진 적이 한 번도 없다. ( )( )

126. 규칙에 대해 드러나게 반발하기보다 속으로 반발한다. ( )( )

127. 자신의 언행에 대해 자주 반성한다. ( )( )

128. 활동범위가 좁아 늘 가던 곳만 고집한다. ( )( )

129. 나는 끈기가 다소 부족하다. ( )( )

130. 좋다고 생각하더라도 좀 더 검토하고 나서 실행한다. ( )( )

131. 위대한 인물이 되고 싶다. ( )( )

132. 한 번에 많은 일을 떠맡아도 힘들지 않다. ( )( )

133. 사람과 약속은 부담스럽다. ( )( )

134. 질문을 받으면 충분히 생각하고 나서 대답하는 편이다. ( )( )

135. 머리를 쓰는 것보다 땀을 흘리는 일이 좋다. ( )( )

136. 결정한 것에는 철저히 구속받는다. ( )( )

137. 아무리 바쁘더라도 자기관리를 위한 운동을 꼭 한다. ( )( )

138. 이왕 할 거라면 일등이 되고 싶다. ( )( )

139. 과감하게 도전하는 타입이다. ( )( )

140. 자신은 사교적이 아니라고 생각한다. ( )( )

141. 무심코 도리에 대해서 말하고 싶어진다. ( )( )

142. 목소리가 큰 편이다. ( )( )

143. 단념하기보다 실패하는 것이 낫다고 생각한다. ( )( )

144. 예상하지 못한 일은 하고 싶지 않다. ( )( )

145. 파란만장하더라도 성공하는 인생을 살고 싶다. ( )( )

146. 활기찬 편이라고 생각한다. ( )( )

147. 자신의 성격으로 고민한 적이 있다. ( )( )

148. 무심코 사람들을 평가 한다. ( )( )

149. 때때로 성급하다고 생각한다. ( )( )

150. 자신은 꾸준히 노력하는 타입이라고 생각한다. ( )( )

151. 터무니없는 생각이라도 메모한다. ( )( )

152. 리더십이 있는 사람이 되고 싶다. ( )( )

153. 열정적인 사람이라고 생각한다. ( )( )

154. 다른 사람 앞에서 이야기를 하는 것이 조심스럽다. ( )( )

155. 세심하기보다 통찰력이 있는 편이다. ( )( )

156. 가만히 앉아있는 것을 쉽게 지루해 하는 편이다. ( )( )

157. 여러 가지로 구애받는 것을 견디지 못한다. ( )( )

158. 돌다리도 두들겨 보고 건너는 쪽이 좋다. ( )( )

159. 자신에게는 권력욕이 있다. ( )( )

160. 자신의 능력보다 과중한 업무를 할당받으면 기쁘다. ( )( )

161. 사색적인 사람이라고 생각한다. ( )( )

162. 비교적 개혁적이다. ( )( )

163. 좋고 싫음으로 정할 때가 많다. ( )( )

164. 전통에 얽매인 습관은 버리는 것이 적절하다. ( )( )

165. 교제 범위가 좁은 편이다. ( )( )

166. 발상의 전환을 할 수 있는 타입이라고 생각한다. ( )( )

167. 주관적인 판단으로 실수한 적이 있다. ( )( )

168. 현실적이고 실용적인 면을 추구한다. ( )( )

169. 타고난 능력에 의존하는 편이다. ( )( )

170. 다른 사람을 의식하여 외모에 신경을 쓴다. ( )( )

171. 마음이 담겨 있으면 선물은 아무 것이나 좋다.   (   )(   )

172. 여행은 내 마음대로 하는 것이 좋다.   (   )(   )

173. 추상적인 일에 관심이 있는 편이다.   (   )(   )

174. 큰일을 먼저 결정하고 세세한 일을 나중에 결정하는 편이다.   (   )(   )

175. 괴로워하는 사람을 보면 답답하다.   (   )(   )

176. 자신의 가치기준을 알아주는 사람은 아무도 없다.   (   )(   )

177. 인간성이 없는 사람과는 함께 일할 수 없다.   (   )(   )

178. 상상력이 풍부한 편이라고 생각한다.   (   )(   )

179. 의리, 인정이 두터운 상사를 만나고 싶다.   (   )(   )

180. 인생은 앞날을 알 수 없어 재미있다.   (   )(   )

181. 조직에서 분위기 메이커다.   (   )(   )

182. 반성하는 시간에 차라리 실수를 만회할 방법을 구상한다.   (   )(   )

183. 늘 하던 방식대로 일을 처리해야 마음이 편하다.   (   )(   )

184. 쉽게 이룰 수 있는 일에는 흥미를 느끼지 못한다.   (   )(   )

185. 좋다고 생각하면 바로 행동한다.   (   )(   )

186. 후배들은 무섭게 가르쳐야 따라온다.   (   )(   )

187. 한 번에 많은 일을 떠맡는 것이 부담스럽다.   (   )(   )

188. 능력 없는 상사라도 진급을 위해 아부할 수 있다.   (   )(   )

189. 질문을 받으면 그때의 느낌으로 대답하는 편이다.   (   )(   )

190. 땀을 흘리는 것보다 머리를 쓰는 일이 좋다.   (   )(   )

191. 단체 규칙에 그다지 구속받지 않는다.   (   )(   )

192. 물건을 자주 잃어버리는 편이다.   (   )(   )

193. 불만이 생기면 즉시 말해야 한다.   (   )(   )

194. 안전한 방법을 고르는 타입이다.   (   )(   )

195. 사교성이 많은 사람을 보면 부럽다.   (   )(   )

196. 성격이 급한 편이다.　　　　　　　　　　　　　　　　　　(　)(　)

197. 갑자기 중요한 프로젝트가 생기면 혼자서라도 야근할 수 있다.　(　)(　)

198. 내 인생에 절대로 포기하는 경우는 없다.　　　　　　　　　　(　)(　)

199. 예상하지 못한 일도 해보고 싶다.　　　　　　　　　　　　　(　)(　)

200. 평범하고 평온하게 행복한 인생을 살고 싶다.　　　　　　　　(　)(　)

201. 상사의 부정을 눈감아 줄 수 있다.　　　　　　　　　　　　　(　)(　)

202. 자신은 소극적이라고 생각하지 않는다.　　　　　　　　　　　(　)(　)

203. 이것저것 평하는 것이 싫다.　　　　　　　　　　　　　　　　(　)(　)

204. 자신은 꼼꼼한 편이라고 생각한다.　　　　　　　　　　　　　(　)(　)

205. 꾸준히 노력하는 것을 잘 하지 못한다.　　　　　　　　　　　(　)(　)

206. 내일의 계획이 이미 머릿속에 계획되어 있다.　　　　　　　　(　)(　)

207. 협동성이 있는 사람이 되고 싶다.　　　　　　　　　　　　　(　)(　)

208. 동료보다 돋보이고 싶다.　　　　　　　　　　　　　　　　　(　)(　)

209. 다른 사람 앞에서 이야기를 잘한다.　　　　　　　　　　　　　(　)(　)

210. 실행력이 있는 편이다.　　　　　　　　　　　　　　　　　　(　)(　)

211. 계획을 세워야만 실천할 수 있다.　　　　　　　　　　　　　(　)(　)

212. 누구라도 나에게 싫은 소리를 하는 것은 듣기 싫다.　　　　　(　)(　)

213. 생각으로 끝나는 일이 많다.　　　　　　　　　　　　　　　　(　)(　)

214. 피곤하더라도 웃으며 일하는 편이다.　　　　　　　　　　　　(　)(　)

215. 과중한 업무를 할당받으면 포기해버린다.　　　　　　　　　　(　)(　)

216. 상사가 지시한 일이 부당하면 업무를 하더라도 불만을 토로한다.　(　)(　)

217. 또래에 비해 보수적이다.　　　　　　　　　　　　　　　　　(　)(　)

218. 자신에게 손해인지 이익인지를 생각하여 결정할 때가 많다.　　(　)(　)

219. 전통적인 방식이 가장 좋은 방식이라고 생각한다.　　　　　　(　)(　)

220. 때로는 친구들이 너무 많아 부담스럽다.　　　　　　　　　　　(　)(　)

YES NO

221. 상식적인 판단을 할 수 있는 타입이라고 생각한다. 　　　　　(　)(　)

222. 너무 객관적이라는 평가를 받는다. 　　　　　(　)(　)

223. 안정적인 방법보다는 위험성이 높더라도 높은 이익을 추구한다. 　　　　　(　)(　)

224. 타인의 아이디어를 도용하여 내 아이디어처럼 꾸민 적이 있다. 　　　　　(　)(　)

225. 조직에서 돋보이기 위해 준비하는 것이 있다. 　　　　　(　)(　)

226. 선물은 상대방에게 필요한 것을 사줘야 한다. 　　　　　(　)(　)

227. 나무보다 숲을 보는 것에 소질이 있다. 　　　　　(　)(　)

228. 때때로 자신을 지나치게 비하하기도 한다. 　　　　　(　)(　)

229. 조직에서 있는 듯 없는 듯한 존재이다. 　　　　　(　)(　)

230. 다른 일을 제쳐두고 한 가지 일에 몰두한 적이 있다. 　　　　　(　)(　)

231. 가끔 다음 날 지장이 생길 만큼 술을 마신다. 　　　　　(　)(　)

232. 같은 또래보다 개방적이다. 　　　　　(　)(　)

233. 사실 돈이면 안 될 것이 없다고 생각한다. 　　　　　(　)(　)

234. 능력이 없더라도 공평하고 공적인 상사를 만나고 싶다. 　　　　　(　)(　)

235. 사람들이 자신을 비웃는다고 종종 여긴다. 　　　　　(　)(　)

236. 내가 먼저 적극적으로 사람들과 관계를 맺는다. 　　　　　(　)(　)

237. 모임을 스스로 만들기보다 이끌려가는 것이 편하다. 　　　　　(　)(　)

238. 몸을 움직이는 것을 좋아하지 않는다. 　　　　　(　)(　)

239. 꾸준한 취미를 갖고 있다. 　　　　　(　)(　)

240. 때때로 나는 경솔한 편이라고 생각한다. 　　　　　(　)(　)

241. 때로는 목표를 세우는 것이 무의미하다고 생각한다. 　　　　　(　)(　)

242. 어떠한 일을 시작하는데 많은 시간이 걸린다. 　　　　　(　)(　)

243. 초면인 사람과도 바로 친해질 수 있다. 　　　　　(　)(　)

244. 일단 행동하고 나서 생각하는 편이다. 　　　　　(　)(　)

245. 여러 가지 일 중에서 쉬운 일을 먼저 시작하는 편이다. 　　　　　(　)(　)

246. 마무리를 짓지 못해 포기하는 경우가 많다. ( )( )

247. 여행은 계획 없이 떠나는 것을 좋아한다. ( )( )

248. 욕심이 없는 편이라고 생각한다. ( )( )

249. 성급한 결정으로 후회한 적이 있다. ( )( )

250. 많은 사람들과 왁자지껄하게 식사하는 것을 좋아한다. ( )( )

251. 상대방의 잘못을 쉽게 용서하지 못한다. ( )( )

252. 주위 사람이 상처받는 것을 고려해 발언을 자제할 때가 있다. ( )( )

253. 자존심이 강한 편이다. ( )( )

254. 생각 없이 함부로 말하는 사람을 보면 불편하다. ( )( )

255. 다른 사람 앞에 내세울 만한 특기가 서너 개 정도 있다. ( )( )

256. 거짓말을 한 적이 한 번도 없다. ( )( )

257. 경쟁사라도 많은 연봉을 주면 옮길 수 있다. ( )( )

258. 자신은 충분히 신뢰할 만한 사람이라고 생각한다. ( )( )

259. 좋고 싫음이 얼굴에 분명히 드러난다. ( )( )

260. 다른 사람에게 욕을 한 적이 한 번도 없다. ( )( )

261. 친구에게 먼저 연락을 하는 경우가 드물다. ( )( )

262. 밥보다는 빵을 더 좋아한다. ( )( )

263. 누군가에게 쫓기는 꿈을 종종 꾼다. ( )( )

264. 삶은 고난의 연속이라고 생각한다. ( )( )

265. 쉽게 화를 낸다는 말을 듣는다. ( )( )

266. 지난 과거를 돌이켜 보면 괴로운 적이 많았다. ( )( )

267. 토론에서 진 적이 한 번도 없다. ( )( )

268. 나보다 나이가 많은 사람을 대하는 것이 불편하다. ( )( )

269. 의심이 많은 편이다. ( )( )

270. 주변 사람이 자기 험담을 하고 있다고 생각할 때가 있다. ( )( )

YES　NO

271. 이론만 내세우는 사람이라는 평가를 받는다. 　　　　　　　　(　)(　)

272. 실패보다 성공을 먼저 생각한다. 　　　　　　　　　　　　　(　)(　)

273. 자신에 대한 자부심이 강한 편이다. 　　　　　　　　　　　　(　)(　)

274. 다른 사람들의 장점을 잘 보는 편이다. 　　　　　　　　　　　(　)(　)

275. 주위에 괜찮은 사람이 거의 없다. 　　　　　　　　　　　　　(　)(　)

276. 법에도 융통성이 필요하다고 생각한다. 　　　　　　　　　　　(　)(　)

277. 쓰레기를 길에 버린 적이 없다. 　　　　　　　　　　　　　　(　)(　)

278. 차가 없으면 빨간 신호라도 횡단보도를 건넌다. 　　　　　　　(　)(　)

279. 평소 식사를 급하게 하는 편이다. 　　　　　　　　　　　　　(　)(　)

280. 동료와의 경쟁심으로 불법을 저지른 적이 있다. 　　　　　　　(　)(　)

281. 자신을 배신한 사람에게는 반드시 복수한다. 　　　　　　　　(　)(　)

282. 몸이 조금이라도 아프면 병원에 가는 편이다. 　　　　　　　　(　)(　)

283. 잘 자는 것보다 잘 먹는 것이 중요하다. 　　　　　　　　　　(　)(　)

284. 시각보다 청각이 예민한 편이다. 　　　　　　　　　　　　　(　)(　)

285. 주위 사람들에 비해 생활력이 강하다고 생각한다. 　　　　　　(　)(　)

286. 차가운 것보다 뜨거운 것을 좋아한다. 　　　　　　　　　　　(　)(　)

287. 모든 사람은 거짓말을 한다고 생각한다. 　　　　　　　　　　(　)(　)

288. 조심해서 나쁠 것은 없다. 　　　　　　　　　　　　　　　　(　)(　)

289. 부모님과 격이 없이 지내는 편이다. 　　　　　　　　　　　　(　)(　)

290. 매해 신년 계획을 세우는 편이다. 　　　　　　　　　　　　　(　)(　)

291. 잘 하는 것보다는 좋아하는 것을 해야 한다고 생각한다. 　　　(　)(　)

292. 오히려 고된 일을 헤쳐 나가는데 자신이 있다. 　　　　　　　(　)(　)

293. 착한 사람이라는 말을 들을 때가 많다. 　　　　　　　　　　(　)(　)

294. 업무적인 능력으로 칭찬 받을 때가 자주 있다. 　　　　　　　(　)(　)

295. 개성적인 사람이라는 말을 자주 듣는다. 　　　　　　　　　　(　)(　)

296. 누구와도 편하게 대화할 수 있다. ( )( )

297. 나보다 나이가 많은 사람들하고도 격의 없이 지낸다. ( )( )

298. 사물의 근원과 배경에 대해 관심이 많다. ( )( )

299. 쉬는 것보다 일하는 것이 편하다. ( )( )

300. 계획하는 시간에 직접 행동하는 것이 효율적이다. ( )( )

301. 높은 수익이 안정보다 중요하다. ( )( )

302. 지나치게 꼼꼼하게 검토하다가 시기를 놓친 경험이 있다. ( )( )

303. 이성보다 감성이 풍부하다. ( )( )

304. 약속한 일을 어기는 경우가 종종 있다. ( )( )

305. 생각했다고 해서 꼭 행동으로 옮기는 것은 아니다. ( )( )

306. 목표 달성을 위해서 타인을 이용한 적이 있다. ( )( )

307. 적은 친구랑 깊게 사귀는 편이다. ( )( )

308. 경쟁에서 절대로 지고 싶지 않다. ( )( )

309. 내일해도 되는 일을 오늘 안에 끝내는 편이다. ( )( )

310. 정확하게 한 가지만 선택해야 하는 결정은 어렵다. ( )( )

311. 시작하기 전에 정보를 수집하고 계획하는 시간이 더 많다. ( )( )

312. 복잡하게 오래 생각하기보다 일단 해나가며 수정하는 것이 좋다. ( )( )

313. 나를 다른 사람과 비교하는 경우가 많다. ( )( )

314. 개인주의적 성향이 강하여 사적인 시간을 중요하게 생각한다. ( )( )

315. 논리정연하게 말을 하는 편이다. ( )( )

316. 어떤 일을 하다 문제에 부딪히면 스스로 해결하는 편이다. ( )( )

317. 업무나 과제에 대한 끝맺음이 확실하다. ( )( )

318. 남의 의견에 순종적이며 지시받는 것이 편안하다. ( )( )

319. 부지런한 편이다. ( )( )

320. 뻔한 이야기나 서론이 긴 것을 참기 어렵다. ( )( )

YES NO

321. 창의적인 생각을 잘 하지만 실천은 부족하다.   (   )(   )

322. 막판에 몰아서 일을 처리하는 경우가 종종 있다.   (   )(   )

323. 나는 의견을 말하기에 앞서 신중히 생각하는 편이다.   (   )(   )

324. 선입견이 강한 편이다.   (   )(   )

325. 돌발적이고 긴급한 상황에서도 쉽게 당황하지 않는다.   (   )(   )

326. 새로운 친구를 사귀는 것보다 현재의 친구들을 유지하는 것이 좋다.   (   )(   )

327. 글보다 말로 하는 것이 편할 때가 있다.   (   )(   )

328. 혼자 조용히 일하는 경우가 능률이 오른다.   (   )(   )

329. 불의를 보더라도 참는 편이다.   (   )(   )

330. 기회는 쟁취하는 사람의 것이라고 생각한다.   (   )(   )

331. 사람을 설득하는 것에 다소 어려움을 겪는다.   (   )(   )

332. 착실한 노력의 이야기를 좋아한다.   (   )(   )

333. 어떠한 일에도 의욕이 임하는 편이다.   (   )(   )

334. 학급에서는 존재가 두드러졌다.   (   )(   )

335. 아무것도 생가하지 않을 때가 많다.   (   )(   )

336. 스포츠는 하는 것보다는 보는 게 좋다.   (   )(   )

337. '좀 더 노력하시오'라는 말을 듣는 편이다.   (   )(   )

338. 비가 오지 않으면 우산을 가지고 가지 않는다.   (   )(   )

정답 및 해설

01	02	03	04	05	06	07	08	09	10	11	12	13	14	15	16	17	18	19	20
①	③	②	④	③	④	③	②	④	③	③	④	②	③	③	②	④	③	④	③
21	22	23	24	25	26	27	28	29	30	31	32	33	34	35	36	37	38	39	40
②	①	④	③	④	②	④	③	④	③	③	③	③	②	②	①	④	①	②	③
41	42	43	44	45	46	47	48	49	50	51	52	53	54	55	56	57	58	59	60
②	①	③	①	②	②	③	④	①	②	③	④	①	②	③	①	③	④	①	④
61	62	63	64	65	66	67	68	69	70										
①	②	③	④	①	②	③	④	①	②										

01 ①

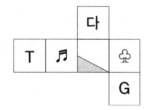

02 ③

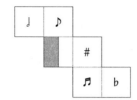

03 ②

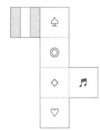

04 ④

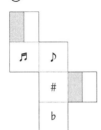

05 ③

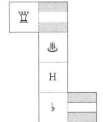

06 ④

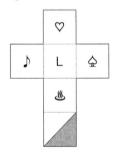

07 ③

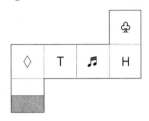

08 ②

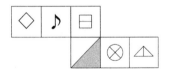

09 ④

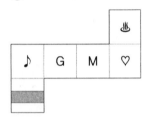

10 ③

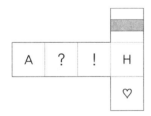

11 ③

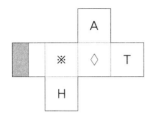

12 ④

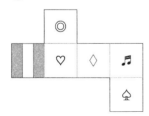

13 ②

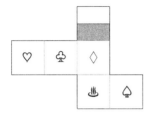

14 ③

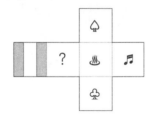

15 ③

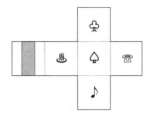

16 ②

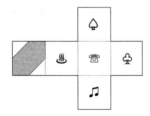

17 ④

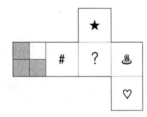

18 ③

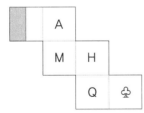

19 ④

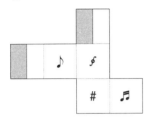

20 ③

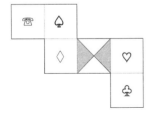

21 ②

22 ①

② 　　③ 　　③

---

23 ④

① 　　② 　　③

---

24 ③

① 　　② 　　④

---

25 ④

① 　　② 　　③

---

26 ②

① 　　③ 　　④

27 ④

① 　② 　③

28 ③

① 　② 　④

29 ④

① 　② 　③

30 ③

① 　② 　④

31 ③

① 　② 　④

32 ③

① 　② 　④

33 ③

① 　② 　④

34 ②

① 　③ 　④

35 ②

① 　③ 　④

36 ①

② 　③ 　④

37 ④

①   ②   ③

38 ①

②   ③   ④

39 ②

①   ③   ④

40 ③

①   ②   ④

41 ②

1단 : 20개, 2단 : 10개, 3단 : 1개

42 ①

1단 : 13개, 2단 : 5개, 3단 : 2개

43　③

1단 : 20개,　2단 : 13개,　3단 : 5개,　4단 : 1개

44　①

1단 : 11개,　2단 : 4개,　3단 : 2개,　4단 : 2개

45　②

1단 : 15개,　2단 : 7개,　3단 : 4개,　4단 : 2개

46　②

1단 : 13개,　2단 : 10개,　3단 : 3개,　4단 : 2개

47　③

1단 : 14개,　2단 : 11개,　3단 : 4개,　4단 : 1개

48　④

1단 : 13개,　2단 : 9개,　3단 : 3개

49　①

1단 : 14개,　2단 : 10개,　3단 : 3개,　4단 : 3개

50　②

1단 : 13개,　2단 : 11개,　3단 : 6개,　4단 : 2개

51 ③

1단 : 15개, 2단 : 11개, 3단 : 8개

52 ④

1단 : 15개, 2단 : 13개, 3단 : 9개, 4단 : 3개

53 ①

1단 : 13개, 2단 : 13개, 3단 : 1개

54 ②

1단 : 13개, 2단 : 13개, 3단 : 9개, 4단 : 2개

55 ③

1단 : 13개, 2단 : 10개, 3단 : 6개

56 ①

오른쪽에서 본 모양은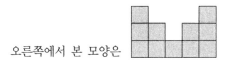

57 ③

왼쪽에서 본 모양은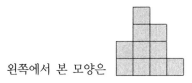

58 ④

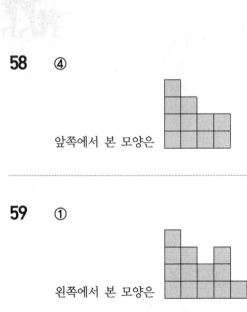

앞쪽에서 본 모양은

59 ①

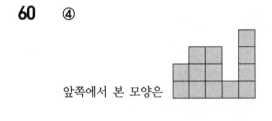

왼쪽에서 본 모양은

60 ④

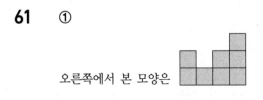

앞쪽에서 본 모양은

61 ①

오른쪽에서 본 모양은

62 ②

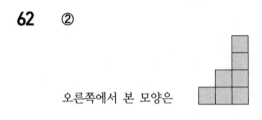

오른쪽에서 본 모양은

63 ③

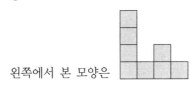

왼쪽에서 본 모양은

64 ④

왼쪽에서 본 모양은

65 ①

왼쪽에서 본 모양은

66 ②

왼쪽에서 본 모양은

67 ③

왼쪽에서 본 모양은

68 ④

왼쪽에서 본 모양은

---

69 ①

왼쪽에서 본 모양은

---

70 ②

왼쪽에서 본 모양은

01	02	03	04	05	06	07	08	09	10	11	12	13	14	15	16	17	18	19	20
②	②	①	②	①	①	①	②	②	②	②	①	②	①	②	②	①	②	②	①
21	22	23	24	25	26	27	28	29	30	31	32	33	34	35	36	37	38	39	40
②	②	②	②	②	①	②	①	②	①	③	③	④	②	④	②	④	③	①	②
41	42	43	44	45	46	47	48	49	50	51	52	53	54	55	56	57	58	59	60
③	④	③	②	②	①	③	④	②	③	①	②	②	①	③	①	②	③	③	②
61	62	63	64	65	66	67	68	69	70	71	72	73	74	75	76	77	78	79	80
②	③	④	②	②	①	②	①	④	④	④	③	③	④	④	②	③	④	①	③

01　②
② ㅅ ㅠ ㅏ ㅎ ㅗ ㄹ − ◉ ♫ G Σ $ ∀

02　②
② ㄱ ㅏ ㅅ ㅖ ㄹ ㅠ − @ G ◉ ♨ ∀ ♫

03　①
① ㅎ ㅗ ㅅ ㄹ ㅚ ㅌ − Σ $ ◉ ∀ ♨ ♡

04　②
② ㅂ ㅒ ㅎ ㅟ ㄹ − # B Q T ≪

05　①
① ㅁ ㅟ ㅍ ㄱ ㄹ − ¥ T Z ∬ ≪

06　①
① ㄹ ㅖ ㅠ ㅁ ㅎ − ≪ W ★ ¥ Q

07 ①

떼 뮨 떠 풋 파 – G ㅊ 0 3 √

08 ②

매 뜌 펼 따 며 – 】 9 V £ P

09 ②

픽 몌 띠 밈 퓹 – ∝ A X % ∋

10 ②

ㅇ ㄷ ㅠ ㅅ ㅓ – & b 3 4 e

11 ②

ㄹ ㅐ ㅅ ㅣ ㄷ – 1 * 4 % b

12 ①

ㅠ ㅛ ㄹ ㄷ ㅣ – 3 d 1 b %

13 ②

댁 방 밫 밥 댐 – ※ 3 ∩ 8 e

14 ①

밫 밧 방 댈 델 – ∩ Ⅲ 3 ⇨ d

15 ②

밥 댁 밫 댐 밧 − 8 ※ ∩ e Ⅲ

16 ②

뚜 따 갸 차 개 − b Ø 8 ŋ c

17 ①

치 띠 게 체 또 − ǝ h λ 2 5

18 ②

규 츄 치 뜌 규 − Ŧ ß ǝ 4 Ŧ

19 ②

안 녕 하 세 요 − ⚥ ⟨ ℙ ‼ đ

20 ①

아 햐 넝 인 오 − ℳ ⁂ ⟩ ⅏ Ⅎ⁄

21 ②

새 우 으 언 얀 − ₤ ₵ # ◇

22 ②

맡 툟 멸 탉 셉 − ┬ ± ⨍ 0 8

23 ②

솝 탉 숩 물 텱 – ☎ 0 ∀ ㄷ ㅎ

24 ②

툵 텵 솝 멜 섚 – ± 4 ☎ ¶ 2

25 ②

컍 챏 톳 툹 컀 – 8 3 2 ㅓ 5

26 ①

톩 컀 컸 챏 톳 – $ ㅜ ₱ ₦ ㅓ

27 ②

툹 톳 챏 컍 컀 – ㅕ 2 ㅑ 8 ㅣ

28 ①

톩 챏 컀 컍 툹 – £ ㅑ 5 8 ㅓ

29 ②

챏 툹 컸 컀 챏 – 3 ㅓ ₱ ㅣ ㅠ

30 ①

컍 컀 컸 컀 컍 – ㅜ ㅣ ₱ 5 8

31 ③

붉**쩲**값볐덟몂쉯볓삵맒묾**쩲**쉾렀

32 ③

#(*&^%*#&^@#$!−=!#

33 ④

🎲🎲🎲🎲🎲🎲🎲🎲🎲🎲🎲🎲

34 ②

34582358737329**8**5575

35 ④

세호리치슬러**솔**티습미가**솔**무**솔**러키

36 ②

%#@&!&@*%#^!@$^~+@/

37 ④

제시된 기호 🎲는 오른쪽 기호열에 없다.

38 ③

♪♪‡♪♪♫♫♪♩♩♪♫♩♪♪♩♫

39 ①

the뭉크韓中日rock셔틀bus피카소%3986as5$2

---

40 ②

가가사차**쟈**가**쟈**아마아차바

---

41 ③

$x^3\ \underline{\boldsymbol{x^2}}\ z^7\ x^3\ z^6\ z^5\ x^4\ \underline{\boldsymbol{x^2}}\ x^9\ z^2\ z^1\ \underline{\boldsymbol{x^2}}$

---

42 ④

두 쪽으**로** 깨뜨**려**져도 소**리**하지 않는 바위가 되**리라**.

---

43 ③

영변에 약산 진**달래**꽃 아**름** 따다 가**실 길**에 뿌**리**우**리**다

---

44 ②

100594786**2**89486**2**4982492314867

---

45 ②

一三車軍**東**海善美參三社會**東**

---

46 ①

골돌몰볼톨홀**솔**돌촐롤졸콜홀볼골

47 ③

군사**기밀** 보호조**치**를 하**지** 아니한 경우 2년 **이**하 **징**역

---

48 ④

누미디아타가스테아우구스티투스생토귀스탱

---

49 ②

Ich liebe dich so wie du **m**ich a**m** abend

---

50 ③

9517462853431**9**876519**9**684

---

51 ①

☆★○●◎◇◆□■△▲▽▼

---

52 ②

╱╲╱╲╲↕↑→↦↓↔↓↔

---

53 ②

편꼽낟납꺖꿈꽃꿁끝꼉**편**꺖

---

54 ①

ᛘᚤᛯᛆᚤᛏᛒᛌᛊᛦᚦᛅᛏᚤᛅᚤᛏ

55 ③

ㄲㄸㅈ**ㅀ**ㄺㄹㄹㄱㅃㅉ**ㅎㅀ**ㄹㅃㄹㄱ

---

56 ①

제시된 'ㅓ'는 오른쪽 열에 없다.

---

57 ②

♡#Ɲρϖ⊥Ⴈⴕα#Ɲρ⊥Ⴈⴕ

---

58 ③

シゴテシオセゾシペヘデダ

---

59 ③

Ūñ₪ⱳŬχ□Жmⱳ₪m

---

60 ②

Veritasluxmea – Verita**c**luxmea

---

61 ②

사전등록일 기준 유효기간 만**료** 전 – 사전등록일 기준 유효기간 만**로** 전

---

62 ③

공통의 문제에 대해 협력적 의사소통을 통해 최선의 해결**첵**을 찾는 담화

63 ④

① 하회**발**신굿탈놀이
② 하회별신**곳**탈놀이
③ 하회별신굿**달**놀이

64 ②

② 봉사기관으로서의 선도적 역할을 **해**야 한다.

65 ②

② 목적달성을 위해 조직이 편성되었다가 일이 끝나면 **해선**하게 되는 일시적인 조직.

66 ①

걀	**갈**	걀	갖	간	**갈**
갗	걀	갓	간	갓	값
갓	간	간	값	값	걀
갑	**갈**	간	값	**갈**	간
갖	갖	갖	간	각	갑
걀	갖	**갈**	갓	갖	**갈**

67 ②

걀	갈	걀	**갖**	간	갈
갖	걀	갓	간	갓	값
갓	간	간	값	값	걀
갑	갈	간	강	갈	간
갖	갖	**갖**	간	각	갑
걀	**갖**	갈	갓	**갖**	갈

68 ①

걀	갈	걀	갖	간	갈
갖	걀	갓	간	갓	갚
갓	간	간	갚	갚	걀
갑	갈	간	강	갈	간
갖	갖	갖	간	각	갑
걀	갖	갈	갓	갖	갈

---

69 ④

'각'은 나타나있지 않다.

---

70 ④

걀	갈	걀	갖	간	갈
갖	걀	갓	간	갓	갚
갓	간	간	갚	갚	걀
갑	갈	간	강	갈	간
갖	갖	갖	간	각	갑
걀	갖	갈	갓	갖	갈

---

71 ④

① 대학수학능**럭**시험모의평가
② 대학수학능력시**협**모의평가
③ 대학수학능력시험모의**평**가

---

72 ③

① 전산응용건축제도기능사**자**격증
② 전산응용건**긴**축제도기능사자격증
④ 전산응용건축**재**도기능사자격증

73   ③

① 국가공무원공개경쟁**채**용시험
② 국가공무원공개**경**쟁채용시험
④ 국가**군**무원공개경쟁채용시험

---

74   ④

① 시험응시자유**외**사항동영상
② 시험응시자유의사**앙**농영상
③ 시험응시자유의사항동**영**상

---

75   ④

① 시험합격여부**외**성적조회
② 시험합격여부와성적조**희**
③ 시험**합**격여부와성적조회

---

76   ②

① 조기 – 1
② 조사 – 3
③ 조문 – 2
④ 조간 – 1

---

77   ③

① 조어 – 1
② 조준 – 1
③ 조판 – 2
④ 조폐 – 1

78 ④

① 조짐 - 1
② 조장 - 2
③ 조끼 - 1
④ 조정 - 3

---

79 ①

① 기름-3
② 기약-2
③ 기분-1
④ 기물-1

---

80 ③

① 기선 - 1
② 기운 - 1
③ 기미 - 2
④ 기민 - 1

01	02	03	04	05	06	07	08	09	10	11	12	13	14	15	16	17	18	19	20
④	④	③	①	②	③	⑤	①	⑤	③	②	①	③	④	①	②	③	②	③	②
21	22	23	24	25	26	27	28	29	30	31	32	33	34	35	36	37	38	39	40
⑤	③	②	④	③	④	⑤	③	④	③	②	④	⑤	③	②	②	③	①	③	④
41	42	43	44	45	46	47	48	49	50	51	52	53	54	55	56	57	58	59	60
③	②	④	⑤	②	②	⑤	③	②	②	①	③	③	③	①	②	①	②	①	②
61	62	63	64	65	66	67	68	69	70	71	72	73	74	75	76	77	78	79	80
④	⑤	⑤	④	④	⑤	③	④	③	⑤	①	④	③	④	④	③	④	③	①	①

01 ④

④ 모기 따위의 벌레가 주둥이 끝으로 살을 찌르다.
①②③⑤ 무엇을 밝히거나 알아내기 위하여 상대편에게 묻다.

02 ④

④ 발로 내어 지르거나 받아 올리다.
①②③⑤ 물건을 몸의 한 부분에 달아매거나 끼워서 지니다.

03 ③

③ 모자 따위를 머리에 얹다.
①②④⑤ 선을 그을 수 있는 도구로 종이에 획을 그어 글자의 모양이 이루어지게 하다.

04 ①

② **곰삭다** : 젓갈 따위가 오래되어서 푹 삭다.
③ **소화하다** : 섭취한 음식물을 분해하여 영양분을 흡수하기 쉬운 형태로 변화시키다, 또는 고유의 특성으로 인하여 다른 것의 특성을 잘 살려 주다.
④ **일다** : 희미하거나 약하던 것이 왕성하여지다.
⑤ **부풀다** : 종이나 헝겊 따위의 거죽에 부풀이 일어나다.

05 ②

② 물기를 다 날려서 없앤다는 의미이다.

①④ 다른 사람이 하고자 하는 어떤 행동을 못 하게 방해한다는 의미이다.

③ 넓적한 물건이 돌돌 감겨 원통형으로 겹치게 되다.

⑤ 어떤 사건에 휩쓸려 들어간다는 의미이다.

06 ③

제시된 글의 '-겠-'은 주체의 의지를 나타내는 어미이다. 따라서 ③에서 쓰이는 '-겠-'이 문맥적 의미가 가장 가깝다.

07 ⑤

⑤ **정독** : 뜻을 새겨 가며 자세히 읽음.

① **속독** : 책 따위를 빠른 속도로 읽음.

② **음독** : 글 따위를 소리 내어 읽음.

③ **훈독** : 한자의 뜻을 새겨서 읽음.

④ **습독** : 글을 익혀 읽음.

08 ①

① **곰살궂다** : 태도나 성질이 부드럽고 친절하다.

② **우질부질하다** : 성질이나 행동이 곰살궂지 못하고 좀 뚝뚝하고 사납다.

③ **숫접다** : 순박하고 진실하다

④ **터분하다** : 음식의 맛이 신선하지 못하다.

⑤ **꿉꿉하다** : 날씨나 기온이 기분 나쁠 정도로 습하고 덥다

09 ⑤

⑤ **과유불급** : 정도를 지나침은 미치지 못함과 같음

① **역지사지** : 처지를 바꾸어서 생각하여 봄

② **교언영색** : 아첨하는 말과 알랑거리는 태도

③ **필부지용** : 깊은 생각 없이 혈기만 믿고 함부로 부리는 소인의 용기

④ **호시탐탐** : 남의 것을 빼앗기 위하여 형세를 살피며 가만히 기회를 엿봄

10 ③

고귀하고 비범한 인물과 반대되는 형용사가 들어가야 한다.

---

11 ②

엄마는 설움에 <u>받쳐</u> 울음을 터뜨렸다. →'화 따위의 심리적 작용이 강하게 일어나다'의 뜻으로 '받치다'를 쓴다.

---

12 ①

① 어떤 물체를 다른 물체에 말거나 빙 두르다.
②⑤ 머리나 몸을 물로 씻다.
③④ 눈꺼풀을 내려 눈동자를 덮다.

---

13 ③

첫 번째 문단 세 번째 문장에 따르면 화자의 의도가 직접적으로 표현된 발화를 직접 발화, 암시적으로 혹은 간접적으로 표현된 발화를 간접 발화라고 한다. 따라서 직접 발화가 간접 발화보다 화자의 의도를 더 잘 전달한다.

---

14 ④

④ **서리지탄**(黍離之嘆) : 나라가 멸망하여 탄식함, 세상의 영고성쇠가 부상함을 탄식하며 이르는 말
① **오매불망**(寤寐不忘) : 자나 깨나 잊지 못함
② **수어지교**(水魚之交) : 아주 친밀하여 떨어질 수 없는 사이, 임금과 신하 사이의 아주 친밀함을 이르는 말
③ **각주구검**(刻舟求劍) : 융통성 없이 현실에 맞지 않는 낡은 생각을 고집하는 어리석음
⑤ **비육지탄**(髀肉之嘆) : 재능을 발휘할 때를 얻지 못하여 헛되이 세월만 보내는 것을 한탄하는 말

15 ①

② 주술 호응이 맞지 않는다. '중요한 것은 ~변해 있었다는 것이다.' 로 고치는 것이 바람직하다.

③ 대등적 연결어미인 '-고'를 사용하여 연결하기에는 평행구조가 성립하지 않는다.

④ '도착하다'는 '목적한 곳에 다다르다.'는 뜻으로 완료상의 의미를 갖고 있는데 함께 쓰인 '~고 있다'는 진행상의 의미를 가진 용언이므로 서로 어울리지 않는다.

⑤ '고양이가 사냥감에 대해 관심을 갖는 것'인지, '고양이의 사냥감에 대한 관심을 갖는 것'인지 의미가 명확하지 않은 중의적 표현이다.

---

16 ②

② **구화지문(口禍之門)** : 입은 재앙을 불러오는 문, 말조심의 의미

① **언어도단(言語道斷)** : 기가 막혀서 말이 나오지 않음

③ **일언지하(一言之下)** : 한마디로 잘라 말함

④ **유구무언(有口無言)** : 변명이나 항변할 말이 없음

⑤ **침소봉대(針小棒大)** : 작은 일을 크게 불리어 말함

---

17 ③

파리지옥이 저작운동을 한다는 내용은 없으며 수액을 분비해 곤충을 소화한다고 하였다.

---

18 ②

위 글은 사고 활동과 표현 활동의 관련성을 주장하며 서로 뗄 수 없는 상호 협력적인 관계에 있음을 말하고 있다.

---

19 ③

나보다 뒤에 났더라도 나보다 먼저 도를 들었다면 스승이라 할 수 있다고 하였고 나보다 먼저 났다고 해도 도를 들지 못한 이는 스승이라 할 수 없다.

---

20 ②

제시된 문단이 '과거와는 달리 한국 선수들이 좋은 성적을 내고 있다'고 시작하므로 이전에는 부진한 한국 선수들의 과거 세계 대회 성적에 대한 이야기가 나오는 것이 어울린다.

21 ⑤

⑤ **권토중래** : 한번의 실패에 굴하지 않고 몇 번이고 다시 일어나는 것
① **사상누각** : 모래 위에 세운 누각이라는 뜻으로, 기초가 튼튼하지 못하여 오래 견디지 못할 일이나 물건을 이르는 말
② **초근목피** : 풀뿌리와 나무껍질이라는 뜻으로, 맛이나 영양 가치가 없는 거친 음식을 비유적으로 이르는 말
③ **만시지탄** : 시기에 늦어 기회를 놓쳤음을 안타까워하는 탄식
④ **구밀복검** : 입에는 꿀이 있고 배 속에는 칼이 있다는 뜻으로, 말로는 친한 듯하나 속으로는 해칠 생각이 있음을 이르는 말

---

22 ③

초콜릿→단 맛→집중력이 좋아짐→공부가 잘 됨→시험을 잘 봄

---

23 ②

주어진 글에서 ㉠의 '떨어지다'는 '좋지 못한 상태에 빠지다'의 의미로 쓰였다.

① 병이 없어지다, 어떤 기운이 가시다.
③ 어떤 일이나 책임 따위가 어떤 사람에 오다.
④ 공간적으로 얼마만한 거리에 있는 상태가 되다.
⑤ 명령이나 지시 따위가 사람의 입에서 나오는 상태가 되다.

---

24 ④

주어진 글에서 ㉠의 '막'은 '아무렇게나' 혹은 '함부로'를 뜻하는 '마구'의 준말이다.
①②③ '몹시' 혹은 '세차게'를 뜻하는 '마구'의 준말
⑤ 바로 지금

---

25 ③

주어진 글에서 ㉠의 '오다'는 '어떤 현상이 어떤 원인에서 비롯하여 생겨나다'의 의미로 쓰였다.
① 질병이나 졸음 따위의 생리적 현상이 일어나거나 생기다.
② 길이나 깊이를 가진 물체가 어떤 정도에 이르거나 닿다.
④ 어떤 때나 계절 따위가 말하는 시점을 기준으로 현재나 가까운 미래에 닥치다.
⑤ 비, 눈, 서리나 추위 따위가 내리거나 닥치다.

26 ④

① '아니다'에 해당하는 주어가 없다. '내가 태어난 곳은 아니다.'로 고쳐야 한다.
② '장점은'이라는 주어를 술어에서 반복적으로 사용하고 있기 때문에 주술호응이 부자연스럽다.
③ '얻은 것은'과 호응할 수 있는 술어가 없다.
⑤ '인간은'이라는 주어의 주격조사가 어색하게 사용되어 있다. '인간이'로 고쳐야 보다 자연스러운 문장이 된다.

---

27 ⑤

공통으로 들어갈 단어는 '교정'이다

※ 교정의 여러 가지 의미

    ㉠ 교정(交情) : 사귀어 온 정
    ㉡ 교정(校正) : 교정쇄와 원고를 대조하여 고침
    ㉢ 교정(校庭) : 학교의 운동장
    ㉣ 교정(矯正) : 잘못된 것을 바로잡음
    ㉤ 교정(教正) : 가르쳐서 바로잡음

---

28 ③

보기에 있는 속담들은 사소한 문제를 해결하려고 지나친 방법을 사용하는 것은 오히려 더 큰 문제를 일으킨다는 뜻으로 쓰인다. 이것과 관련되는 고사성어가 '교왕과직(矯枉過直)'이다. 이것은 '잘못을 바로 잡으려다 지나쳐 오히려 나쁘게 하다.'의 뜻이다.

① 설상가상(雪上加霜) : 눈 위에 또 서리가 덮인 격이라는 뜻으로, '어려운 일이 연거푸 일어남'을 비유하여 이르는 말이다.
② 견마지로(犬馬之勞) : 개나 말 정도의 하찮은 힘이란 뜻으로, '윗사람(임금 또는 나라)을 위하여 바치는 자기의 노력'을 겸손하게 이르는 말이다.
④ 도로무익(徒勞無益) : 헛되이 수고만 하고 보람이 없다는 뜻이다.
⑤ 침소봉대(針小棒大) : 작은 일을 크게 떠벌리거나 과장하는 것을 말한다.

---

29 ④

② 비유의 방법을 쓰지 않았다.
③⑤ 대조의 방법을 쓰지 않았고, 양면적 속성을 드러내지 못했다.

30 ③

⊙~@은 법률, 도덕, 관습을 준수하는 행위로, 모두 인간의 행위가 사회적 규약의 제약을 받는다는 것을 서술하기 위한 내용에 해당된다.

---

31 ②

@이 문단의 첫 문장이 되어야 한다. 첫 문장에서 그림문자, 뜻문자, 소리문자 순으로 소개했으므로 이 문단의 순서는 @ - ㄷ - ⊙ - ㅁ - ㄴ이다.

---

32 ④

주어진 속담들은 꾸준하고 부지런하게 노력하면 큰 결실을 이룬다는 의미이다.

---

33 ⑤

담그다 … '액체 속에 넣다.' 혹은 '김치 · 술 · 장 · 젓갈 따위를 만드는 재료를 버무리거나 물을 부어서, 익거나 삭도록 그릇에 넣어 두다.'의 의미가 있다.

---

34 ③

① 우리 마을에 길이 <u>났다</u>.
② 그 일의 전말은 잡지에 <u>났다</u>.
④ 우리 고장에서는 예로부터 큰 선비가 많이 <u>났다</u>.
⑤ 유리컵이 깨져서 조각이 <u>났다</u>.

---

35 ②

① 저 사람은 전혀 다른 사람이 <u>됐다</u>.
③ 이 안에 찬성하는 사람이 50명이 <u>되었다</u>.
④ 그런 행동을 한 것은 그가 인격이 <u>된</u> 사람이라는 증거이다.
⑤ 반죽이 <u>돼서</u> 물을 더 넣었다.

36 ②

① 그는 공부할 시간을 <u>벌기</u> 위해 학교 바로 옆에 방을 얻었다.
③ 매를 <u>벌다</u>.
④ 금년부터 나는 장 씨 땅을 <u>벌기로</u> 했다.
⑤ 문짝이 <u>벌다</u>.

---

37 ③

③ 착 달라붙지 않고 사이가 벌어지다.
①②④⑤ 공중에 머무르거나 공중으로 오르다.

---

38 ①

① 어떤 상태를 촉진·증진시키는 것을 의미한다.
②③④⑤ 위험을 벗어나게 하는 것을 의미한다.

---

39 ③

① 액체 따위를 끓여서 진하게 만들다, 약제 등에 물을 부어 우러나도록 끓인다는 뜻이며 간장을 달이다, 보약을 달이다 등에 사용된다.
② '줄다'의 사동사로 힘, 길이, 수량, 비용 등을 적어지게 한다는 의미이다.
④ 어떤 사건에 휩쓸려 들어가다, 다른 사람이 하고자 하는 어떤 행동을 못하게 방해한다는 의미의 동사 또는 물기가 다 날아가서 없어진다는 의미인 마르다의 사동사이다.
⑤ '졸다'의 사동사 또는 속을 태우다시피 초조해하다의 의미를 갖는다.
※ '조리다'와 '졸이다'
　'조리다'와 '졸이다'는 구별해서 써야 한다. 국물이 적게 바짝 끓일 때에는 '조리다'를 쓰고, 졸게 하거나 속을 태울 때는 '졸이다'를 쓴다.

---

40 ④

① 별르다 → 벼르다
② 가녕스럽다 → 가년스럽다
③ 난장이 → 난쟁이
⑤ 닐리리 → 늴리리

41 ③

문장의 의미상 '반드시, 꼭, 틀림없이'의 의미를 갖는 '기필코'가 들어가야 한다.

---

42 ②

앞 문장에서는 표준어는 국가나 공공 기관에서 공식적으로 사용해야 하므로 표준어가 공용어이기도 하다는 것을 말하고 있고, 뒷 문장에서는 표준어가 어느 나라에서나 공용어로 사용되는 것은 아님을 말하고 있으므로 앞 뒤 문장의 내용이 상반된다. 따라서 상반되는 내용을 이어주는 접속어 '그러나'가 들어가야 한다.

---

43 ④

뒷 문장은 앞 문장의 내용에 대한 부정과 반박에 해당한다.

---

44 ⑤

⑤ 무지에의 호소 오류
① 잘못된 인과 관계
② 흑백 논리의 오류
③ 역공격(피장파장)의 오류
④ 발생학적 오류

---

45 ②

분명하게 드러내 보임이라는 뜻의 '명시'와 상반된 의미의 단어는 뜻하는 바를 간접적으로 나타내 보인다는 '암시'이다.

---

46 ②

② **유례(類例)** : 같거나 비슷한 예
① **이례(異例)** : 상례에서 벗어난 특이한 예
③ **의례(儀禮)** : 의식(儀式)
④ **범례(範例)** : 예시하여 모범으로 삼는 것
⑤ **조례(條例)** : 조목조목 적어 놓은 규칙이나 명령

47 ⑤

'모든 무신론자가 운명론을 거부하는 것은 아니다'에서 보면 운명론을 거부하는 무신론자도 있고, 운명론을 믿는 무신론자도 있다는 것을 알 수 있다.

---

48 ③

③ 세 번째 문단에 쌍둥이가 아님을 말하고 있다.

---

49 ②

- ㉠의 앞 문장 : 말은 생각의 일부분을 주워 담은 작은 그릇일 뿐이다.
- ㉠의 뒷 문장 : 생각이 아무리 클지라도 말로 바꾸지 않으면 전달이 되지 않는다.

따라서 역접의 의미인 '그러나'가 들어가야 한다.

---

50 ②

㉡ 앞 문장에서 생각은 말의 신세를 진다고 하였으므로 ②가 적절하다.

---

51 ①

빈칸의 앞에는 초개인화 시대에 맞춰서 마케팅에 대해 설명하고 있고, 빈칸의 뒤에서는 초개인화 마케팅으로 변화하는 것에 대한 중요성을 말하고 있다. 빈칸에는 변화의 필요성을 나타내는 문장이 들어가는 것이 적합하다.

---

52 ③

빈칸의 앞에는 「동물보호법」에서 정한 맹견에 대한 설명이 있다. 빈칸의 뒤에는 맹견의 관리를 위한 준수사항이 있다. 이에 따라 빈칸에 들어갈 문장으로는 준수사항이 있다는 것이 제일 적합하다.

53 ③

'미봉'은 빈 구석이나 잘못된 것을 그때마다 임시변통으로 이리저리 주선해서 꾸며 댐을 의미한다. 필요에 따라 그때그때 정해 일을 쉽고 편리하게 치를 수 있는 수단을 의미하는 ③이 정답이다.

① 말이나 글을 쓰지 않고 마음에서 마음으로 전한다는 말로, 곧 마음으로 이치를 깨닫게 한다는 의미이다.

② 눈을 비비고 다시 본다는 뜻으로 남의 학식이나 재주가 생각보다 부쩍 진보한 것을 이르는 말이다.

④ 주의가 두루 미쳐 자세하고 빈틈이 없음을 일컫는다.

⑤ 푸른 산에 흐르는 맑은 물이라는 뜻으로, 막힘없이 썩 잘하는 말을 비유적으로 이르는 말이다.

---

54 ③

단락의 통일성이란 하나의 단락 안에는 한 개의 중심 화제, 소주제가 있어야 한다는 구성의 원리이다. ㉠이 중심 화제이다. 글의 일관성이란 한 단락의 모든 내용은 중심 화제, 소주제를 향하여 긴밀하게 연결되어야 한다는 구성의 원리이다. ㉢은 공해의 내용과 거리가 멀다.

---

55 ①

다음 글에서는 지역 방언이 점차 소멸되어 가고 있는 사회 현상과 지역 방언 보존을 위한 노력을 설명하였다. 일각에서 지역 방언 보존에 대해 부정적 의견이 있으나, 고유의 문화유산으로 보존해야한다는 의견을 피력하였다. 이후에 들어갈 내용으로는 지역 방언 보존에 대한 것이 가장 적합하다.

---

56 ②

다음 글에서는 프레임에 대한 용어를 정의하고 구제라는 단어를 예시로 들어 글을 서술하고 있다.

---

57 ①

마지막 문장의 '어느 한 종이 없어지더라도 전체 계에서는 균형을 이루게 된다.'로부터 ①을 유추할 수 있다.

② 생태계는 '인위적' 단위가 아니다.

③ 생태계의 규모가 작을수록 대체할 종이 희박해지므로 희귀종의 중요성이 커진다.

④ 지문은 생산자, 소비자, 분해자가 서로 대체할 수 없는 구별되는 생물종이라는 전제 하에서 논의를 진행하고 있다.

⑤ 지문에서 유추할 수 있는 내용이 아니다.

58 ②

② 원형감옥 안에서는 감시자는 죄수를 볼 수 있지만 죄수는 감시자를 살필 수 있다. 이로 인하여 죄수는 비록 보이지 않지만 지속적인 감시를 받고 있다는 생각이 들게 되므로 자기 자신을 스스로 통제하게 되는 것이 원형감옥의 가장 중요한 점이다.

59 ①

제시된 글은 영어 공용화에 대한 부정적인 입장이므로 반론은 영어 공용화에 대한 긍정적인 입장에서 근거를 제시해야 한다. ①은 영어 공용화에 대한 부정적인 입장이다.

60 ②

② 필요로 하는 정보를 제공하지는 않는다는 점에서 인간과 동물에게 공통적으로 적용되지 않는다.

61 ④

(나) 현대인들은 과학기술을 낙관적으로 봄
(마) 그러나 과학기술을 낙관적으로 보기 어려운 심각한 문제가 주변에 많음
(가) 생태계의 파괴가 심각함
(다) 또한 과학기술의 발달로 전쟁의 위협도 큼
(라) 그러므로 과학기술에 대한 지나친 낙관은 위험하다.

62 ⑤

(나)와 (마)가 서로 상반된 내용이므로 역접 접속사인 '그러나'가 적절하다.

63 ⑤

⑤ 위의 글에서는 12개의 중과실 사고와 그 사고와 관련한 벌칙이 적혀있다. 보험회사가 처해지는 벌금형과 관련된 글은 적혀있지 않다.
① 12개의 중과실 사고로 인하여 발생한 사고로 사망이나 상해가 발생하면 금고형 또는 벌금형에 처해진다고 언급하고 있다.
② 끼어들기방법이나 앞지르기 방법을 위반한 경우 12대 중과실 사고라고 언급하고 있다.
③ 승객의 추락 방지의무를 위반한 경우 12대 중과실 사고라고 언급하고 있다.
④ 중앙선을 침범하는 경우 12대 중과실 사고라고 언급하고 있다.

64 ④

공간적 분업체계의 형성으로 국가 간의 상호 작용이 촉진되면서 세계 도시 간의 계층 구조가 형성되었지만 이 때문에 지역 불균형이 초래되었다는 내용을 찾으면 된다.

---

65 ④

제시된 글의 마지막에서 작가의 의도를 고민한다고 하였다. 이 글 뒤에 들어가는 문장으로는 작가의 의도에 대한 설명이 적합하다.

---

66 ⑤

⑤ 조선 후기의 사회 변화가 국가 전체 문화 동향을 서서히 바꿨다고 말하고 있다.

---

67 ③

작자는 '문화나 이상을 추구하고 현실화하는 데에는 지식이 필요하다'고 하였다. 이를 볼 때 작자가 문화를 '지식의 소산'으로 여기고 있음을 알 수 있다.

---

68 ④

㈑ 중심문장
㈎ 과학의 속성
㈒ 종교의 속성
㈓ 과학과 종교의 차이
㈏ 상호보완적인 이유

---

69 ③

지문은 과학과 종교는 서로 다른 영역에 관심을 두고 있어 배타적이지만, 관심을 두지 않는 영역에 대해 서로 도움을 받을 수 있기 때문에 상호보완적이라는 내용이다.

70 ⑤

⑤ 소비자 시장에서 가격분산의 발생은 필연적이고 구조적인 것이라 할 수 있다.

---

71 ①

②의 경우 동일한 제품을 구입한 것으로 볼 수 없고 ③의 경우 동일 시점이 아니며 ④, ⑤의 경우 가격 차이가 없으므로 가격 분산에 해당하지 않는다.

---

72 ④

④ 기회비용과 매몰비용이라는 경제용어와 에피소드를 통해 경제적인 삶의 방식에 대해서 말하고 있다.

---

73 ③

관람료가 아까워 영화관에서 영화를 계속 관람하는 것은 이미 발생한 매몰비용에 얽매여 현재의 기회비용을 허비하는 비합리적인 경제행위라고 하였다.

---

74 ④

㈑에서는 신고' 품종 배의 재배에 대한 방법과 재배 요점을 정리하고 있다.

---

75 ④

배에는 칼슘, 나트륨, 칼륨의 함량이 풍부하고 인이나 유기산의 함유량이 적어 알칼리성 식품에 해당하기 때문에 배를 섭취하면 혈액의 중성유지, 숙취해소, 천식 등에 효과가 있고 육류의 연화작용에 영향을 준다.

---

76 ③

③ 지각없이 굴던 사람이 정신을 차려 일을 잘할만하니 망령이 들어 일을 그르친다는 것으로 무슨 일이든 때를 놓치지 말고 제때에 힘쓰라는 의미이다.

① 매워 울면서도 어쩔 수 없이 겨자를 먹는다는 것으로 싫은 일을 억지로 마지못하여 함을 의미한다.

② 윷놀이에서 맨 처음에 모가 나오면 그 판은 실속이 없다는 뜻으로 상대방의 첫 모쯤은 문제되지 않는다는 의미이다.

④ 시작을 했으면 끝까지 최선을 다해야 한다는 의미이다.

⑤ 헤치려는 마음을 가지고 있으면서, 겉으로는 생각해주는 척하는 것을 의미한다.

77 ④

④ 다기망양(多岐亡羊) : 여러 갈래로 갈린 길이 많아서 양을 잃는다는 것으로 사공이 많은 배가 산으로 간다는 것을 의미

① 단사표음(單食瓢飮) : 광주리에 밥을 먹고 표주박으로 물을 마신다는 것으로 소박한 생활을 의미

② 안빈낙도(安貧樂道) : 가난한 삶에서도 편안하며 즐기는 모습을 의미

③ 호연지기(浩然之氣) : 크고 넓은 도덕적인 용기를 의미

⑤ 와신상담(臥薪嘗膽) : 섶나무 위에서 누워 자고 쓸개를 핥아 맛본다는 것으로 목적을 이루기 위해 역경을 이겨내는 정신을 의미

---

78 ③

③은 ㉣에 해당한다.

---

79 ①

② 태아의 인권 취득과 관련하여 이러한 주제는 다양하게 논의되고 있다.

③ 인간은 수정 후 시간이 흐름에 따라 수정체, 접합체, 배아, 태아의 단계를 거친다.

④ 수정 후에 태아가 형성되는 데까지는 8주 정도가 소요된다.

⑤ 10달의 임신 기간은 태아 형성기, 두뇌의 발달정도 등을 고려하여 4기로 나뉘는데, 1~3기는 3개월 단위로 나뉘고 마지막 한 달은 4기에 해당한다.

---

80 ①

㈐ 출판계의 현 상황, ㈎ 문화공간으로 발전한 독립서점, ㈑ 독립출판으로 출판물의 다양화, ㈏ 시대에 변화에 따른 대형 출판사의 마케팅 변화 순서로 가는 것이 가장 자연스럽다.

01	02	03	04	05	06	07	08	09	10	11	12	13	14	15	16	17	18	19	20
②	②	④	④	②	②	③	①	③	③	①	④	③	②	①	②	④	④	④	②
21	22	23	24	25	26	27	28	29	30	31	32	33	34	35	36	37	38	39	40
④	③	④	②	④	②	①	④	④	④	④	②	④	④	④	①	③	①	②	③
41	42	43	44	45	46	47	48	49	50	51	52	53	54	55	56	57	58	59	60
④	④	③	③	③	④	①	③	③	③	①	②	①	③	②	③	①	④	③	③
61	62	63	64	65	66	67	68	69	70	71	72	73	74	75	76	77	78	79	80
④	③	④	②	①	②	③	④	②	④	④	④	③	①	③	①	④	②	④	④

01 ②

B국가의 태양력 발전량은 2021년에 348,791GWh중 1.8%를 차지하던 비중이 2022년에 347,420GWh 중 4.7%의 비중으로 변동 되었다.

따라서 348,791×0.018=6,278.238GWh에서 347,420×0.047=16,328.74GWh로 변동되었다. B국가의 태양열 발전량은 10,050.502GWh 증가되어 소수점 이하를 절삭한 10,050GWh가 정답이다.

02 ②

• B국가의 2022년 총 발전량은 348,791GWh에서 347,420GWh로 전년도보다 감소했다.
• 2022년 A국가의 화력 발전량은 525,811×0.802=421,700.422GWh로 B국가의 2022년 총 발전량보다 많다.
• 자연 에너지 발전은 화력을 제외한 수력, 풍력, 태양력의 총합이므로 A국가의 자연에너지 발전 비율은 18.6%에서 19.8%로, B국가는 41.6%에서 49.9%로 모두 증가했다.

03 ④

2022년 A회사의 성인 3명과 어린이 6명의 요금은 (1,450×3)+(500×6)=7,350원
B회사의 요금은 (1,400×3)+(600×6)=7,800원으로 A회사 버스가 더 저렴하다.

04 ④

2019년의 승객을 100명으로 가정하면 승객 수는 아래와 같다.

연도	2019년	2020년	2021년	2022년
승객 수	100	110	143	164.45

④ 2022년은 2019년의 승객에 비해 64.45명 증가했으므로 약 64% 증가했다.

① 전년 대비 승객이 가장 많이 증가한 해는 2021년이다.

② 2022년의 승객이 164.45로 제일 많다.

③ 2020년은 2019년에 비해 10% 증가했으므로 승객 수 또한 증가했다.

---

05 ②

ⓒ 상위 30%의 저축률이 모든 국가에서 가장 높다.

ⓔ 모든 국가에서 상위 30% 저축률과 하위 30% 저축률의 평균값은 중위 40% 저축률보다 낮다.

---

06 ②

각 회사의 조사 회답 지수를 100%로 하고 각각의 회답을 집계하면 다음과 같다.

	불만	보통	만족	계
(개)회사	34(27.9)	38(31.1)	50(41.0)	122(100.0)
(내)회사	73(51.4)	11(7.7)	58(40.8)	142(100.0)
(대)회사	71(52.2)	41(30.1)	24(17.6)	136(100.0)
계	178(44.5)	90(22.5)	132(33.0)	400(100.0)

ⓒ 보통이라고 답한 사람이 가장 적다는 것은 만족이나 불만으로 나뉘어져 있는 것만 나타내며 노동조건의 좋고 나쁨과는 관계없다.

ⓔ 만족을 나타낸 사람의 수가 (내)회사가 가장 많았으나, 142명중 58명, 약 40.8%이므로 (개)회사의 41%보다 낮다.

---

07 ③

③ 2019년의 4호선 이용률은 31.8이고, 2022년의 4호선 이용률은 37.8이다. 따라서 이용률은 6%p 증가하였다.

08 ①

2022년 1호선 이용률은 34.2%이므로 10,000×0.342=3,420, 즉 3,420명이다.

---

09 ③

① 1중대 주간사격 평균 : $\dfrac{(17\times16)+(13\times14)}{17+13}=\dfrac{272+182}{30}≒15.1$

　2중대 주간사격 평균 : $\dfrac{(14\times18)+(16\times13)}{14+16}=\dfrac{252+208}{30}≒15.3$

② 1중대 야간사격 평균 : $\dfrac{(17\times11)+(13\times13)}{17+13}=\dfrac{187+169}{30}≒11.9$

　2중대 야간사격 평균 : $\dfrac{(14\times15)+(16\times10)}{14+16}=\dfrac{210+160}{30}≒12.3$

③④ 1중대 1소대 전체 평균 : $\dfrac{16+11}{2}=13.5$

　1중대 2소대 전체 평균 : $\dfrac{14+13}{2}=13.5$

　2중대 1소대 전체 평균 : $\dfrac{18+15}{2}=16.5$

　2중대 2소대 전체 평균 : $\dfrac{13+10}{2}=11.5$

---

10 ③

신장 170cm 미만인 학생의 수는 1+6+11+10 = 28명이다.

---

11 ①

① $\dfrac{\text{이수인원}}{\text{계획인원}}\times100=\dfrac{2,159.0}{5,897.0}\times100≒36.7(\%)$

12 ④

ⓒ 학교급별 중 고등학생의 SNS 계정 소유 비율이 가장 높다

ⓔ 초등학생은 SNS 계정을 소유하지 않는 비율은 55.7%이고, 중·고등학생은 각각 64.9%, 70.7% SNS 계정을 소유하고 있다.

---

13 ③

20~29세 인구에서 도로구조의 잘못으로 교통사고가 발생한 인구수를 x라 하면

$$\frac{x}{100,000} \times 100 = 3(\%)$$

$x = 3,000(명)$

---

14 ②

60세 이상의 인구 중에서 도로교통사고로 가장 높은 원인은 '질서의식 부족'이고 49.3%를 차지하고 있으며, 그 다음으로 높은 원인은 '운전자의 부주의'이며 29.1%이다. 따라서 49.3과 29.1의 차는 20.2가 된다.

---

15 ①

작년의 송전 설비 수리 건수를 x, 배전 설비 수리 건수를 y라고 할 때, $x+y=238$이 성립한다. 또한 감소 비율이 각각 40%와 10%이므로 올해의 수리 건수는 $0.6x$와 $0.9y$가 되며, 이것의 비율이 $5:3$이므로 $0.6x:0.9y=5:3$이 되어 $1.8x=4.5y(\rightarrow x=2.5y)$가 된다.

따라서 두 연립방정식을 계산하면, $3.5y=238$이 되어 $y=68$, $x=170$건임을 알 수 있다.

그러므로 올 해의 송전 설비 수리 건수는 $170 \times 0.6 = 102$건이 된다.

---

16 ②

2개의 생산라인을 하루 종일 가동하여 3일간 525개의 레일을 생산하므로 하루에 2개 생산라인에서 생산되는 레일의 개수는 $525 \div 3 = 175$개가 된다. 이때, A라인만을 가동하여 생산할 수 있는 레일의 개수가 하루에 90개이므로 B라인의 하루 생산 개수는 $175 - 90 = 85$개가 된다.

따라서 A라인 5일, B라인 2일, A+B라인 2일의 생산 결과를 계산하면, 생산한 총 레일의 개수는 $(90 \times 5) + (85 \times 2) + (175 \times 2) = 450 + 170 + 350 = 970$개가 된다.

17   ④

④ 2020년도 10~29인 규모의 사업장의 가입률은 788÷1,853×100=42.5이고, 2021년도 10~29인 규모의 사업장의 가입률은 840÷1,902×100=44.2로 가입률이 증가했다.

① 2021년의 가입 대상 근로자의 증가율은 (10,830-10,588)÷10,588×100=2.3%이며, 가입 근로자의 증가율은 (5,438-5,221)÷5,221×100=4.2%가 된다.

---

18   ④

2019년의 이익액을 100으로 가정한 연도별 이익액을 도표로 만들어 보면 다음과 같다.

연도	2019년	2020년	2021년	2022년
이익액	100	130	143	171.6
이익증가율	–	30%	10%	20%

① 전년대비 이익증가액은 2020년이 가장 크다.

② 2021년이 143으로 더 크다.

③ 이익증가율은 2020년에 30%에서 2021년에 10%으로 줄었지만 이이액은 143로 증가했다.

---

19   ④

아르바이트생의 총 보수액을 계산하면 다음과 같다.

갑 : 500,000+(15,000×3)+(20,000×3)-(15,000×3)=560,000원

을 : 600,000+(15,000×1)+(20,000×3)-(15,000×3)=630,000원

병 : 600,000+(15,000×2)+(20,000×2)-(15,000×3)=625,000원

정 : 650,000+(15,000×5)+(20,000×1)-(15,000×4)=685,000원

따라서 총 보수액이 가장 큰 사람은 정이 된다.

---

20   ②

② 2022년의 순수익률은 283,179÷974,553×100=29.05%로 29.1%다.

① 소득=총수입-경영비이므로 2017년의 경영비는 974,553-541,450=433,103원이 된다.

③ 2022년의 소득률은 541,450÷974,553×100=55.55%로 55.6%다.

④ 2021년의 소득률은 429,546÷856,165×100=50.2%다.

21 ④

④ 제시된 자료만 가지고 학생 수를 알 수는 없다.

① '음악' 구입 비율은 고등학생은 58.6%, 초등학생은 29.3%, 중학생은 41.5%로 고등학생이 제일 높다.

② '소프트웨어' 구입 비율은 초등학생 45.6%, 중학생 45.2%, 고등학생 46.1%이다.

③ 초등학교는 '음악' 구입 비율이 가장 낮고, 나머지는 '영화' 구입 비율이 가장 낮다.

---

22 ③

③ 2000년 252건 이후로 감소하였다.

① 1970년 대비 1980년의 창업 신청 건수는 국내는 8건, 국외는 28건 증가하였다.

② 2010년 창업신청건수 차이는 3건이다. 가장 차이가 큰 연도는 2000년이다.

④ $\dfrac{82-62}{62} \times 100 \fallingdotseq 32\%$ 이다.

---

23 ④

완성품 납품 개수는 30+20+30+20으로 총 100개이다.

완성품 1개당 부품 A는 10개가 필요하므로 총 1,000개가 필요하고, B는 300개, C는 500개가 필요하다.

이때 각 부품의 재고 수량에서 부품 A는 500개를 가지고 있으므로 필요한 1,000개에서 가지고 있는 500개를 빼면 500개의 부품을 주문해야 한다.

부품 B는 120개를 가지고 있으므로 필요한 300개에서 가지고 있는 120개를 빼면 180개를 주문해야 하며, 부품 C는 250개를 가지고 있으므로 필요한 500개에서 가지고 있는 250개를 빼면 250개를 주문해야 한다.

---

24 ②

② 6시간 30분 기준, A세트의 요금은 26,000원, B세트의 요금은 26,100원이다.

① 5시간 기준, A세트의 요금은 23,000원, B세트의 요금은 22,200원이다.

③ 3시간 30분 기준, A세트의 요금은 20,000원, B세트의 요금은 18,300원이다.

④ 4시간 기준, A세트의 요금은 21,000원, B세트의 요금은 21,000원이다.

25 ④

④ 프레임의 넓이가 좁은 경우에는 성능이 좋지 않다.

① 탄소섬유 재질의 제품은 전부 성능이 나쁘다.

② '합성'소재이고 좋은 성능의 제품은 프레임이 넓고 보론 재질인 경우라면 손잡이 길이는 길거나 짧아도 무관하다.

③ 프레임의 넓이가 넓은 것은 모두 성능이 좋기 때문에 제품 성능에 영향을 준다.

---

26 ②

소득 수준의 4분의 1이 넘는다는 것은 다시 말하면 25%를 넘는다는 것을 의미한다. 하지만 소득이 150~199일 때와 200 ~ 299일 때는 만성 질병의 수가 3개 이상일 때가 각각 20.4%와 19.5%로 25%에 미치지 못한다. 그러므로 ②는 적절하지 않다.

---

27 ①

① $\dfrac{21-20}{20} \times 100 = 5\%$

② $\dfrac{7-2}{2} \times 100 = 250\%$

③ 2020년 2만 마리 → 2021년 5만 마리

④ 2012년 21만 마리 → 2013년 16만 마리 → 2014년 11만 마리 → 2015년 2만 마리

---

28 ④

④ 170점 이상인 합격자 : 6명(85점, 85점)+4명(95점, 75점) = 10명

① 150점 미만인 합격자 : 10명(85점, 55점)+4명(75점, 55점)+4명(65점, 65점)+14명(75점, 65점)=32명

② 150점 초과인 합격자 : 2명(95점, 65점)+4명(95점, 75점)+20명(85점, 75점)+6명(85점, 85점)=32명

③ 150점인 합격자 : 24명(65점, 85점)+12명(75점, 75점)=36명

29 ④

- A 빌딩의 층당 높이 = $\dfrac{442}{108}$ ≒ 4.1m

- B 빌딩의 층당 높이 = $\dfrac{383}{102}$ ≒ 3.7m

- C 빌딩의 층당 높이 = $\dfrac{509}{101}$ ≒ 5m

- D 빌딩의 층당 높이 = $\dfrac{452}{88}$ ≒ 5.1m

- E 빌딩의 층당 높이 = $\dfrac{421}{88}$ ≒ 4.8m

- F 빌딩의 층당 높이 = $\dfrac{415}{88}$ ≒ 4.7m

- G 빌딩의 층당 높이 = $\dfrac{391}{80}$ ≒ 4.9m

- H 빌딩의 층당 높이 = $\dfrac{384}{69}$ ≒ 5.6m

---

30 ④

④는 2022년 쓰레기 처리현황을 알 수 없으므로 확인이 불가하다.
①②③은 제시된 자료를 통해 알 수 있다.

---

31 ④

④ 조사대상자의 지역별 주민수는 표를 통해 구할 수 없다.

---

32 ②

총 여성 입장객수는 3,030명

21 ~ 25세 여성입장객이 차지하는 비율은 $\dfrac{700}{3,030} \times 100$ ≒ 23.1(%)

33 ④

총 여성 입장객수 3,030명

26~30세 여성입장객수 850명이 차지하는 비율은

$$\frac{850}{3,030} \times 100 ≒ 28(\%)$$

---

34 ②

중량이나 크기 중에 하나만 기준을 초과하여도 초과한 기준에 해당하는 요금을 적용한다고 하였으므로, 보람이에게 보내는 택배는 10kg지만 130cm로 크기 기준을 초과하였으므로 요금은 8,000원이 된다. 또한 설희에게 보내는 택배는 60cm이지만 4kg으로 중량기준을 초과하였으므로 요금은 6,000원이 된다.

∴ 8,000 + 6,000 = 14,000(원)

---

35 ④

제주도까지 빠른 택배를 이용해서 20kg 미만이고 140cm 미만인 택배를 보내는 것이므로 가격은 9,000원이다. 그런데 안심소포를 이용한다고 했으므로 기본요금에 50%가 추가된다.

$$∴ 9,000 + \left(9,000 \times \frac{1}{2}\right) = 13,500(원)$$

---

36 ①

㉠ 타지역으로 보내는 물건은 140cm를 초과하였으므로 9,000원이고, 안심소포를 이용하므로 기본요금에 50%가 추가된다.

∴ 9,000 + 4,500 = 13,500(원)

㉡ 제주지역으로 보내는 물건은 5kg와 80cm를 초과하였으므로 요금은 7,000원이다.

---

37 ③

A : 0.1×0.2 = 0.02 = 2(%)

B : 0.3×0.3 = 0.09 = 9(%)

C : 0.4×0.5 = 0.2 = 20(%)

D : 0.2×0.4 = 0.08 = 8(%)

∴ A+B+C+D = 39(%)

38 ①

2022년 A지점의 회원 수는 대학생 10명, 회사원 20명, 자영업자 40명, 주부 30명이다. 따라서 2017년의 회원 수는 대학생 10명, 회사원 40명, 자영업자 20명, 주부 60명이 된다. 이 중 대학생의 비율은 $\frac{10명}{130명} \times 100(\%) = 7.69(\%)$가 된다.

---

39 ②

B지점의 대학생이 차지하는 비율 : $0.3 \times 0.2 = 0.06 = 6(\%)$
C지점의 대학생이 차지하는 비율 : $0.4 \times 0.1 = 0.04 = 4(\%)$
B지점 대학생수가 300명이므로 $6 : 4 = 300 : x$
$\therefore x = 200(명)$

---

40 ③

③ 2019년 E 메뉴 판매비율 6.5%p, 2022년 E 메뉴 판매비율 7.5%p이므로 1%p 증가하였다.

---

41 ④

2022년 A메뉴 판매비율은 36.0%이므로
판매개수는 $1,500 \times 0.36 = 540(개)$

---

42 ④

월 사용시간을 x라 하면
$4,300 + 900x \geq 20,000 \Rightarrow 900x \geq 15,700 \Rightarrow x \geq 17.444 \cdots$
따라서 매월 최소 18시간 이상 사용할 때 B회사를 선택하는 것이 유리하다.

---

43 ③

③ $40 \rightarrow 50 \rightarrow 60 \rightarrow 70$ 순으로 증가하고 있다. 동일한 폭으로 감소하는 추세는 아니다.
① 2017년 2,600억 원을 시작으로, 2022년 5,000억 원으로 증가하였다.
② 2019년 한국의 자동차 산업 매출액은 3,200억 원이다.
④ 2021년~2022년 70으로 가장 증가폭이 크다.

44 ③

① A반 평균 : $\dfrac{(20 \times 6.0) + (15 \times 6.5)}{20 + 15} = \dfrac{120 + 97.5}{35} \fallingdotseq 6.2$

　 B반 평균 : $\dfrac{(15 \times 6.0) + (20 \times 6.0)}{15 + 20} = \dfrac{90 + 120}{35} = 6$

② A반 평균 : $\dfrac{(20 \times 5.0) + (15 \times 5.5)}{20 + 15} = \dfrac{100 + 82.5}{35} \fallingdotseq 5.2$

　 B반 평균 : $\dfrac{(15 \times 6.5) + (20 \times 5.0)}{15 + 20} = \dfrac{97.5 + 100}{35} \fallingdotseq 5.6$

③④ A반 남학생 : $\dfrac{6.0 + 5.0}{2} = 5.5$

　 B반 남학생 : $\dfrac{6.0 + 6.5}{2} = 6.25$

　 A반 여학생 : $\dfrac{6.5 + 5.5}{2} = 6$

　 B반 여학생 : $\dfrac{6.0 + 5.0}{2} = 5.5$

---

45 ②

$1 : 980 = x : 2,800$

$980x = 2,800$

$x = 2.85 \fallingdotseq 2.9$

$\therefore 1 : 2.9$

---

46 ③

① 어문학부 : $1 : 1,695 = x : 3,300$　　$\therefore 1 : 1.9$

② 법학부 : $1 : 1,500 = x : 2,500$　$\therefore 1 : 1.6$

③ 생명공학부 : $1 : 950 = x : 3,900$　$\therefore 1 : 4.1$

④ 전기전자공학부 : $1 : 1,150 = x : 2,650$　$\therefore 1 : 2.3$

47 ①

① $\dfrac{16}{84} = 5.25$배

② 통신망 문제의 발생 건수 84건이지만 나머지 문제의 발생 건수 85건이다.

③ $\dfrac{84+44}{84+44+25+16} \times 100 ≒ 75.7\%$

④ 제시된 자료는 분기별 문제 발생 건수에 대해 나타나있지 않다.

---

48 ③

㉠ 표준화 값 $\left(\dfrac{편차}{표준편차}\right)$이 클수록 다른 학생에 비해 한별의 성적이 좋다고 할 수 있다.

$\dfrac{한별의 성적 - 학급평균 성적}{표준편차}$ = 국어$\left(\dfrac{79-70}{15} = 0.6\right)$, 영어$\left(\dfrac{74-56}{18} = 1\right)$, 수학$\left(\dfrac{78-64}{16} ≒ 0.88\right)$

㉡ 표준편차가 작을수록 학급 내 학생들 간의 성적이 고르다.

---

49 ③

봉사활동 시간이 22시간 미만인 학생의 수는
2(10 이상 ~ 14 미만)+5(14 이상 ~ 18 미만)+8(18 이상 ~ 22 미만)=15(명)

---

50 ③

2022년도 재무부서의 직원비율은 8.0%이므로
직원수는 1,800×0.08 = 144(명)

---

51 ①

2020년도 생산부서와 기타부서에 속하는 직원의 비율은 30.0+27.5 = 57.5(%)
생산부서와 기타부서에 속하지 않는 직원의 비율은 100-57.5=42.5(%)

---

52 ②

200,078-195,543 = 4,535(백만 원)

53 ①

$103,567 \div 12,727 = 8.13$(배)

54 ③

124,597명으로 중국 국적의 외국인이 가장 많다.

55 ②

② 3자리 유효숫자로 계산해보면, 175의 60%는 105이므로 중국국적 외국인이 차지하는 비중은 60% 이상이다.

① 2019년에 감소를 보였다.

③ 2015~2022년 사이에 서울시 거주 외국인 수가 매년 증가한 나라는 중국이다.

④ $\dfrac{6,332+1,809}{57,189} \fallingdotseq 0.14\% > \dfrac{8,974+11,890}{175,036} \fallingdotseq 0.12\%$

56 ③

③ 근무 9년차 E의 지급액은 5년차인 A의 1.392배이다.

- 근무 5년차 A의 지급액 = 250만 원
- 근무 6년차 B의 지급액 = 273만 원
- 근무 7년차 C의 지급액 = 297만 원
- 근무 9년차 E의 지급액 = 348만 원
- 근무 10년차 F의 지급액 = 375만 원

57 ①

국어점수 30점 미만인 사원의 수는 $3+2+3+5+7+4+6=30$명

점수가 구간별로 표시되어 있으므로 구간별로 가장 작은 수와 가장 큰 수를 고려하여 구한다.

영어 평균 점수 최저는 $\dfrac{0\times8+10\times16+20\times6}{30}=9.3$이고 영어 평균 점수 최고는

$\dfrac{9\times8+19\times16+29\times6}{30}=18.3$이다.

58 ④

2010년에 비해 2020년에 대리의 수가 늘어난 출신 지역은 서울·경기, 강원, 충남 3곳이고, 대리의 수가 줄어든 출신 지역은 충북, 경남, 전북, 전남 4곳이다.

59 ③

$(343+390+505) \times 3,500원 + 621 \times (3,500원 \times 0.8) = 6,071,800원$

60 ③

③ 제품 X : 3,000원 ×1,600개＝4,800,000원, 제품 Y : 2,700원 ×1,859개＝5,019,300원. 따라서 제품 Y의 출하액이 더 많다.

② 1월부터 4월까지 제품 X의 총 출하량은 254＋340＋541＋465＝1,600개이고, 제품 Y의 총 출하량은 343＋390＋505＋621＝1,859개이다.

④ 3월의 출하액은 1,000원×541개 ＝ 541,000원이고 4월의 출하액은 1,200원 ×465개＝558,000원으로, 4월의 출하액이 더 많다.

61 ④

④ 제시된 자료만 가지고 와이파이 설치율에 대해 알 수 없다.

① 12.9×100＝1,290명

② 2019년 D지역 5G 무제한 요금제 가입자 수＝8.4×100＝840명

2019년 E지역 5G 무제한 요금제 가입자 수＝6.1×100＝610명

2019년 F지역 5G 무제한 요금제 가입자 ＝2.3×100＝230명

2019년 G지역 5G 무제한 요금제 가입자 수＝7×100＝700명

③ 2019년 A지역 5G 무제한 요금제 가입자 수 증가율＝$\dfrac{1.8-0.9}{0.9} \times 100 = 100\%$

2019년 D지역 5G 무제한 요금제 가입자 수 증가율＝$\dfrac{8.4-3.7}{3.7} \times 100 ≒ 127\%$

62 ③

$450,000 \times 0.19 \times 0.03 = 2,565(명)$

63 ④

④ 각 시의 미성년자 수는 A시가 85,500명, B시가 111,600명, C시가 98,700명, D시가 28,000명이다.

① A시의 남성 비율은 B시의 여성 비율과 같으나 인구수가 다르므로 남성 수와 여성 수는 다르다.

② 남성 비율이 가장 높은 곳은 C시이나, 실제의 남성 수는 A시가 23,400명, B시가 297,600명, C시가 258,500명, D시가 120,400명으로 B시가 가장 많다.

③ 미성년자 중 여성의 비율은 알 수 없다.

64 ②

월별 평균점수

월	1	2	3	4	5	6	7	8	9	10	11	12
평균	82.5	86	89.5	94.5	87	85.5	86	78.5	83.5	83.5	89	85

65 ①

문제의 조건에 의하면 A가 40%를 초과하여 득표하면 당선이 확정된다. 총 600표 중에서 241표를 얻으려면 241-188=53표가 더 필요하다.

66 ②

부서의 수를 x라 하면 전체 신입 사원은 $5x+3$이다. $(5x+3)-6(x-1)<4$이므로 $x>5$가 된다. 따라서 부서는 적어도 6개 있다.

67 ③

주문받은 꽃다발의 수를 x라 하면 장미꽃은 $(4x+6)$송이이고, 5송이씩 넣었을 때 마지막 꽃다발의 장미는 4송이 이하다.

$4x+6 \leq 5(x-1)+4$이므로, 주문 받은 꽃다발은 최소 7개이다.

68 ④

불합격 남자 x, 불합격 여자 x, 합격 남자는 100명, 합격여자는 60명

$(100+x):(60+x)=4:3$, ∴ $x=60$

따라서 전체 응시 인원은 $160+120=280$(명)이다.

---

69 ②

오답의 허용 개수를 x라 하면,

$10(15-x)-8x \geq 100 \rightarrow x \leq 2.7$

따라서 최대 2개까지만 오답을 허용할 수 있다.

---

70 ④

B가습기 작동 시간을 x라 하면

$\dfrac{1}{16} \times 10 + \dfrac{1}{20}x = 1$

∴ $x = \dfrac{15}{2}$

따라서 7분 30초가 된다.

---

71 ④

불량률을 x라고 하면, 정상품이 생산되는 비율은 $100-x$

$5,000 \times \dfrac{100-x}{100} - 10,000 \times \dfrac{x}{100} = 3,500$

$50(100-x)-100x=3,500$

$5,000-50x-100x=3,500$

$150x=1,500$

$x=10$

72 ④

B의 나이를 x, C의 나이를 y라 놓으면

A의 나이는 $x+12$, $2y-4$가 되는데 B와 C는 동갑이므로 $x=y$이다.

$x+12=2x-4$

$x=16$

A의 나이는 $16+12=28$살이 된다.

---

73 ③

$$X\times\left(1+\frac{20}{100}\right)-90,000=X\times\left(1+\frac{2}{100}\right)$$

$1.2X-90,000=1.02X$

$0.18X=90,000$

$X=500,000$원

---

74 ①

처음의 초속을 분속으로 바꾸면 $6\times60=360\text{m/min}$

출발지에서 반환점까지의 거리를 x라 하면

$\dfrac{x}{360}+\dfrac{4,500-x}{90}=30$이므로 양변에 360을 곱하여 식을 간단히 하면

$x+4(4,500-x)=10,800$

$\therefore x=2,400(\text{m})$

---

75 ③

거리=시간×속력이므로

$x=15$초$\times72\text{km/h}$

계산을 위해 시간과 속력을 분으로 변환하면 다음과 같다.

$$\frac{15}{60}\times\frac{72,000}{60}=0.25분\times1,200\text{m/m}=300\text{m}$$

76 ①

15%의 소금물의 무게를 x라 하면,

$$\frac{0.15x + (500-x)0.1}{500} \times 100 = 12\%$$

$$\therefore x = 200\,\text{g}$$

---

77 ④

현재 아버지의 나이를 x, 형의 나이를 y, 동생의 나이를 z라 하면,

㉠ 현재 : $x = 3y$, $y = 2z$

㉡ 4년 전 : $x - 4 = 4(y-4)$에 ㉠을 대입하면 $x = 36$, $y = 12$, $z = 6$이다.

아버지(x)와 동생(z)의 나이 차이는 30살이다.

---

78 ②

지수가 걸린 시간을 y, 엄마가 걸린 시간을 x라 하면

$\begin{cases} x - y = 10 \cdots ㉠ \\ 100x = 150y \cdots ㉡ \end{cases}$ 에서 ㉠을 ㉡에 대입한다.

$100(y+10) = 150y \Rightarrow 5y = 100 \Rightarrow y = 20$

따라서 지수는 20분 만에 엄마를 만나게 된다.

---

79 ④

P도시에서 Q도시로 가는 길은 3가지이고, Q도시에서 R도시로 가는 길은 2가지이므로, P도시를 출발하여 Q도시를 거쳐 R도시로 가는 방법은 $3 \times 2 = 6$가지이다.

---

80 ④

표준편차는 자료의 값이 평균으로부터 얼마나 떨어져 있는지, 즉 흩어져 있는지를 나타내는 값이다. 표준편차가 0일 때는 자룟값이 모두 같은 값을 가지고, 표준편차가 클수록 자룟값 중에 평균에서 떨어진 값이 많이 존재한다.